计算机学术研究进展丛书

简洁式智能计算及应用研究

赵 鸣 著

科学出版社

北 京

内 容 简 介

本书以降低算法时间复杂度和空间复杂度为主线。首先,简单介绍群智能计算的专业基础知识,从降低算法时间复杂度的角度来陈述量化蚁群算法的设计思路,并用其来解决旅行商问题。然后,重点介绍基于 gamma 分布的扰动向量设计,并进一步改进猫群算法,减少算法的计算量,提高算法寻优能力。最后,利用简洁式猫群算法和支持向量机方法结合来解决人脸表情的识别问题,进一步扩展简洁式猫群算法的应用空间。

本书可供信息技术、计算机等专业的本科生和研究生使用,也可供从事相关工作的研究人员参考。

图书在版编目(CIP)数据

简洁式智能计算及应用研究/赵鸣著.—北京:科学出版社,2017.12
(计算机学术研究进展丛书)
ISBN 978-7-03-055505-2

Ⅰ.①简… Ⅱ.①赵… Ⅲ.①智能计算机-研究 Ⅳ.①TP387

中国版本图书馆 CIP 数据核字(2017)第 281356 号

责任编辑:闫 陶 / 责任校对:董艳辉
责任印制:徐晓晨 / 封面设计:苏 波

科 学 出 版 社出版
北京东黄城根北街 16 号
邮政编码:100717
http://www.sciencep.com

北京虎彩文化传播有限公司 印刷
科学出版社发行 各地新华书店经销

*

开本:B5(720×1 000)
2017 年 12 月第 一 版 印张:8 3/4
2019 年 2 月第三次印刷 字数:170 000

定价:40.00 元
(如有印装质量问题,我社负责调换)

前　　言

　　群智能计算优化算法是一类模拟自然界中行为简单的个体在相互作用过程中涌现产生的整体智能行为的算法,因原理简单和易于实现等而被各个领域所接受。大多数群智能计算优化算法需要依靠大量种群的迭代来获取最佳解,因此对算法所运行的环境和条件有着较高的要求。随着计算机硬件的飞速发展,普通的计算机已经基本能够满足群智能计算所需的软硬件环境。但仍然有一些工程领域,或者因为各种环境条件的限制,不能提供足够的硬件资源来确保满足优化算法的运行;或者因为工程需要,必须得到实时结果;或者因为容错要求,硬件必须简单可靠。在上述综合条件下,采用传统的群智能计算优化算法来处理这些优化问题,显然难以达到具体的要求。这要求必须在传统的群智能算法的基础上进行改进和创新,解决上述特殊条件下的优化需求。

　　本书以上述特殊工程环境要求为基础,研究传统群智能计算优化算法的理论和方法,改进现有的群智能计算优化算法,简化算法流程,在传统群智能计算优化算法中融入新的数学方法和思路来增强算法的寻优能力。与此同时,设计新的简洁式智能优化算法,并采用不同简洁搜索算子结合来提高算法的收敛效率,减少其对计算机硬件资源的依赖,达到同样或者更好的优化结果。本书从减少计算量和节约运行空间两个角度来设计和实现整个课题,主要内容包括以下几个方面。

　　(1) 改进蚁群系统算法,从信息素的表达方式入手,简化信息素的更新方式,减少算法运行的参数,降低整个算法的计算量,同时节约算法所需要的运行空间,并在一定程度上加快了算法的收敛速度。

　　(2) 在正态分布模型的基础上,设计了一种全新的简洁式猫群算法。加入新的差分算子来增强算法的探索能力,并用新的算法成功嵌入到简单医疗设备中解决灰度图像切割问题。

　　(3) 设计了一种全新的基于 Γ 概率模型的扰动向量来描述小样本问题,使得新的概率模型下产生的解更具代表性和真实性,为小样本问题的优化提供了一种新的解决思路;采用梯度下降法来节省算法的计算成本,并把它用来解决 MP3 播放器中音频水印嵌入优化问题。

（4）结合 SVM 分类器，利用简洁式猫群算法优化居家健康照护的设备中用嘴唇和眼睛的开闭状况构成的人脸表情识别问题。

本书以减少算法的计算量和节约算法运行空间为主线来贯穿全书，改变原有简洁式智能优化算法只关注节省运行空间的设计思想，发展到节省运行空间和减少计算量两个维度，扩展"compact"概念的内涵。改变了简洁式优化算法只能基于正态分布概率模型来描述大样本问题的局面，首次提出一种基于小样本问题的 Γ 分布模型的扰动向量，并在后续猫群搜索中引入梯度下降法来达到快速寻优的目的，平衡了算法"探索"和"利用"比例，大大节省了算法的运行时间，为小样本问题的优化提供了一种新的思路，并成功扩展简洁式猫群算法应用到模式识别领域。

由于时间仓促，书中纰漏之处在所难免，恳请读者和同行文齐指正。

作　者
2016 年 6 月

目　　录

第1章 绪 论

大自然是美妙的,更是神奇的。众多奇妙的生物,没有人类复杂的大脑,但一样有着惊人的生存能力;它们通过简单的个体协作完成很多复杂的任务;它们的机体对大自然有着极强的适应性;它们之间的信号传递是那么的精准;它们的分工是那么井然有序。正因为有了这些神奇的生物个体,大自然才多姿多彩而又更具活力。

人类比其他生物更聪明、更主动。他们每时每刻都在适应和改造自然。人类时刻在关注大自然,大自然的各种现象给他们太多灵感,他们努力解读自然界生物的每一种行为语言,如蜜蜂圆舞曲的神秘含义、鱼群的洄游规律等。而人类的目的不仅仅是要解读这些规律和特征,他们更希望利用这些规律和特征用以改造和征服大自然。他们坚信更美好的生活来源于创造和创新,来源于对现有工作的不断精益求精。现有的问题,如果在一定程度上加入大自然的启发,会有更加意外的惊喜。

在某种确定的价值取向或审美观念的支配下,面对某个问题如何求解一个可行的甚至是最优的解决方案,这是我们经常要面临的问题。这类决策性问题通常称为最优化问题。如背包问题(knapsack problem)、旅行商问题(travel salesman problem,TSP)就是最优化问题的典型代表。

长期以来,人们不断探索研究优化问题,生活中的许多重要工程问题都需要用最优化的方案来解决。最大值最小值问题早在17世纪就被提出来并给出了一些求解方法。随后经过一些研究者不懈的努力,这类传统优化算法得到了很大的发展,包括线性规划和非线性规划、动态与随机规划等在内的算法相继出现。但这类用解析法和数值计算的传统优化算法有着很高的计算复杂度,一般只适合解决小规模的优化问题。

随着社会的发展,工程实践问题也变得越来越复杂,面对大型的工程类问题,传统的解析法和数值计算法等方法显然难以满足求解日渐复杂的最优化问题的需要,显得有些力不从心;无论是求解时间还是求解精度都难以让人接受。特别是对于NP(nondeterministic polynomial)难类和NP完全类问题,设计应用于解决这些问题的传统精确算法由于其指数级的计算复杂度而无法在正常的工程时间内得到期望的结果。因此,为了在计算精度和求解时间上获得一个相对的平衡,许多科学家把目光投向了神奇的大自然,希望能从大自然中的某种现象中得到启发,找到办法来解决这些问题。

随着人们对生物的深入研究,研究者发现一些非常神奇的现象,很多个体行为简单,能力非常有限的生物,却有着明确的分工和惊人的协作能力。许多学者研究这些现象,并归纳总结这些特征,结合不同领域的实际问题,提出了许多基于生物特征的启发式算法,如粒子群优化算法、蚂蚁算法、猫群优化算法、人工鱼群算法等,尽管这类算法都有它们各自的适用范围,但都能在一定的程度上找到问题的相对最优解。这些算法或者模仿生物觅食的行为,或者模仿生物的进化过程,或者模仿生物群体迁徙行为,或者模仿生物的生理构造和身体机能等。面对待优化的问题,总是能在一定的工程时间内求得一个相对可以接受的解,我们把这些模仿自然界生物群体的各种生态习性来解决各种难于解决的工程问题的算法叫作生物启发式算法或者群智能计算优化算法。

一直以来,群智能计算作为智能计算大家族的主要成员,其归属于人工智能学科领域。它的发展在很大程度上依赖于人工智能学科的发展。而人工智能的部分分支因缺少直接的数学理论支撑而受到太多的质疑。智能计算的重要组成部分人工神经网络技术有着数学理论基础支撑却又无法精确处理应用领域的各类小样本的问题。比较幸运的是,近年来机器学习研究有了较大的进展,特别是支持向量机等相关技术的出现打破了智能计算方法只能处理大样本集的问题的瓶颈,同样也能灵活处理各种小样本集的问题,从而使该项技术能更切合实际的需求,与人工智能其他技术相互补充,进而反哺人工智能学科,相互促进发展。

近年来,群智能计算优化算法因高效的优化性能,尤其是不需要待优化问题的特殊信息等特点为更多非计算机领域研究者所接受。其应用领域已经飞速扩展到科学计算、车间排程优化、交通运输配置、组合问题、数字图像处理、工程优化设计等领域,并成为人工智能学科以及计算机科学不可或缺的重要组成部分。然而,群智能计算优化算法和传统的优化算法相比,发展历史还比较短,群智能计算优化算法还有很多不完善的地方;尤其是数学基础一直是其发展的短板;很多算法因为本身搜索逻辑的局限性,导致算法容易陷入局部最优;群智能计算领域还有太多的问题等待我们去探索和解决。

随着计算机软硬件的飞速发展,普通的计算机应用环境已经基本能够满足群智能计算优化算法所需的软硬件条件。但仍然有一些工程领域,或者因为各种条件的限制,不能提供足够的硬件资源来确保满足优化算法的运行;或者因为工程需要,需要求得实时结果,其硬件构造只能是比较简单的系统;或者因为系统容错的要求,不能提供相应的软硬件环境。在这样的综合条件下,采用传统的群智能优化算法来处理,很难融入工程软硬件环境中,如嵌入式微控制器系统的优化、工业控制实时应答系统的优化、自动对接系统的优化等都是这样。这要求必须在传统的启发式算法的基础上加以改进和创新,来适应特殊条件下的工程优化需求。

　　基于此,本书以上述应用条件为背景,设计新的简洁式群智能计算优化算法,使其能够在内存空间较少,计算能力也不太强的硬件环境中也能正常运行;在传统群智能计算优化算法的基础上,融入新的思想,相对减少对计算机硬件资源的依赖,在相近运行环境下达到可以接受甚至比传统优化算法更好的结果。

1.1　群智能计算基础

1.1.1　概述

　　群智能计算优化算法是一类模拟自然界中行为简单的个体在相互作用过程中涌现的整体智能行为的算法,因其简单的原理和易于实现等特点为各个领域所接受。以蚁群算法和粒子群算法为代表的群智能计算优化算法得到广泛的关注。解析它们的算法原理将有助于更好地理解群智能计算优化算法。

1.1.2　最优化问题

　　美好的生活源于创造,源于对生活和工作细节的精益求精,在某种特定的价值取向或审美观念的支配下,如何求解某个问题的一个可行的甚至是最优的解决方案,这是我们在生活和工作经常会面对的问题。这类决策问题通常称为最优化问题。

　　最优化问题的定义一般用式(1-1)来表示。

$$\begin{cases} \min f(X), X \in S \\ \text{s. t. } g(X) \geqslant 0 \end{cases} \tag{1-1}$$

式中:S 为待解决问题的集合或者称为搜索空间;X 为根据解决问题而设计的一组候选解;f 为目标函数或者评价函数;$g(X)$ 为约束函数。

　　式(1-1)中的目标函数 f 取得最大值或者最小值时变量 X 的取值称为最优解。在实际的工程和应用中,可行解 X 称为决策变量,可以表示为 $X = (x_1, x_2, \cdots, x_n)$,$n$ 为待解决的问题的维度。

　　当待解决问题的目标函数 f 受到某些条件的限制时,必须在满足限制条件下取得的极值 f 才有意义,此时变为有约束的优化问题;如果没有 $g(X)$ 的限制,则为无约束优化问题。

　　不同的工程问题所需解决的优化问题不同,其决策变量 X 的取值类型和范围也不同。如果变量 X 为一组连续的实数,则这种类型的优化问题是函数优化问题;若变量 X 为一组离散的数据,则此类优化问题为组合优化问题。如旅行商问题、背包问题就是组合问题,而标准测试函数峰值寻找就是函数优化问题。实际应用中也会出现部分变量取值为连续型,而另外一部分变量的取值为离散型的情况。因此,决策变量的取值类型并不是对优化问题分类的唯一标准,可以进一步根据决策变量的约束条件、问题的性质、目标的个数、时间因素、函数关系、极值的个数等多个角度来对优化问题进行分类。显然单目标优化问题和多目标优化问题就是根据需要优化的目标的个数来分类的;而单峰值优化问题和多峰值优化问题的分类则是根据函数可能取得的极值的个数是否多于 1 个。

1.1.3 计算复杂性与 NP 理论

1. 计算复杂性

为了说明计算复杂性这个问题,需要先说明旅行商问题和背包问题。

定义 1.1 旅行商问题

设现有 n 座城市,它们构成城市集 $C=\{c_1,c_2,\cdots,c_n\}$,其中任意两座城市之间的距离构成矩阵 $D=\{d_{ij}\}_{n\times n}(1\leqslant i,j\leqslant n,i\neq j)$,TSP 就是从某个起点出发,找到一条只拜访每座城市一次且最后回到起点的、路径最短的回路。

通常所说的旅行商问题都是对称旅行商问题,即两座城市之间来回是可达的,且距离相等。

定义 1.2 背包问题

设现有 n 件商品和一个固定容量为 C 的背包。其中第 i 件商品的体积为 c_i,价值为 v_i,背包问题就是往背包里面不停装商品,在所有装入背包的商品体积总和 $\sum_{i=1}^{n}(c_i \cdot x_i)\leqslant C$ 的情况下,使得所有商品的总价值具有最大值,即 $\max\left(\sum_{i=1}^{n}(v_i \cdot x_i)\right)$。其中: x_i 为 0 表示不选择第 i 个商品; x_i 为 1 表示选择第 i 个商品。

一般来说,现在的最优化问题都是一些难以解决的问题,以非对称旅行商为例,就是 1 个 n 座城市排列的问题,有 $n!$ 种可能。而背包问题则有 2^n 种可能。问题的规模都是呈指数级增长的,单纯靠传统的穷举方法来解决问题显然是不可能的。表面看起来可以实现的问题在实践中不一定可行。

计算复杂性通常用来描述待解决问题执行的难易程度。对一个优化问题的计算复杂性进行评价是比较困难的,首先要确认描述问题的函数的规模是什么类型。例如,需要 n 次穷举才能解决的旅行商问题问题,其计算复杂性可以用指数来描述。如果问题的计算所需要的运算次数需要用 n 的多项式来度量,则称该问题具有多项式时间复杂性。

对于某些具体的问题,其计算复杂性有上下界限。计算复杂性的上限就是解决该问题可能的最快速度时的特例情况。而计算复杂性的下界则很难去证明有多大,很多时间要看具体的环境、条件等。

2. NP 类问题

在计算机学科中,有一类问题可以用确定性算法在多项式时间内来解决,但这类问题前提是判断性问题,这类问题通常称为 P 类问题。与确定性算法相对的是不确定性算法。一般来说,一个不确定性算法包含两个步骤,其输入就是判断问题的实际例子 instant,需要从如下两个过程来实现。

(1) 非确定过程,也就是猜测阶段。任意产生一个串 string,并把它当作判断问题实例的一个候选解 solution。

(2) 确定过程,也就是验证候选解 solution 的阶段。将实例 instant 和串 string 作为算法的输入,若 string 是 instant 的一个合法解,则输出"YES"。

若一个不确定算法在验证阶段的时间复杂度为多项式级别,则该算法为不确定性多项式算法。

根据上述过程,可以这样描述 NP 类问题:NP 类问题就是一类能够用不确定性多项式算法来求解的判断问题,如常见的旅行商问题就是典型的代表,虽然我们还不一定能找到一个多项式的确定性算法来求得最佳解,但可以判断一个在多项式时间内随机生成的闭合回路是否合法。

通过比较 P 类问题和 NP 类问题的定义,可以得到一个非常明显的结论:P⊆NP,但 P=NP 是否成立则是一个科学界的未解之谜。类似旅行商问题和背包问题的存在使得学术界的学者更趋向于认为 P=NP 的结论不成立。换句话说,NP 类问题中不仅仅包括 P 类问题,还包括另一问题,而这另外的一种问题就是所谓的 NP 完全问题,其定义可以概括如下。

若某一个判断问题 DEP 是 NP 完全问题,则其应该满足条件:

(1) DEP 是 NP 类问题。

(2) NP 中的任何问题都是可以在多项式时间内转为判断问题 DEP。

若满足条件(2)但不满足条件(1)的问题则称为 NP 难问题。

从上面的结论可以推出,NP 难问题不一定是 NP 类问题,或者更确切地说,一个 NP 难问题的难易程度是大于等于 NP 完全问题的。

P 类问题、NP 类问题、NP 完全问题以及 NP 难问题之间的关系可以用图 1-1 来表示。

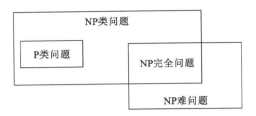

图 1-1　问题分类关系示意图

1.1.4　群智能计算优化算法

经过众多的研究者的努力,群智能计算优化算法不停向前发展,新的算法如雨后春笋般不断提出。这些算法包括进化算法、ACO(蚁群算法)、PSO(粒子群算法)、CSO(猫群算法)、ABC(人工蜂群算法)、ASFA(人工鱼群算法)、BA(细菌觅食算法)、SLSA(混合蛙跳算法)、Memetic 算法、AIS(人工免疫算法)、QEA 量子进化算法等。这些仿生算法的仿生特点大致可以分为两类:一类模仿生物种群进化过程,通过优胜劣汰的竞争机制来保证留下来的种群向更优的方向移动,如遗传算法就是典型代表、被称为文化基因算法的 Memetic 算法也是其中成员之一;另一类算法模仿生物特有的行为模式和协同合作机制,依靠群体的随机搜索来完成最优解的发现,现有的大多数群智能算法都是遵照此类特点而设计开发出来的。

1. 群智能计算优化算法的计算机制

群智能计算优化算法的整个过程一般可以分为种群初始化、个体更新、群体更新三大步骤。最优解在群体更新完成后根据适应度函数的取值挑选出来。

1)种群初始化

在群智能计算优化算法中,首先必须要有种群的初始化。先确定解的分布空间,在没有任何先验知识指导下,一般都会按照均匀概率分布随机产生若干个个体,默认每一个个体为待优化问题的候选解;如果有先验知识的指导则按照指导产生种群。有先验知识指导而产生的初始化个体会更加有效,算法搜索的盲目性会相对降低,从而使得算法的收敛速度更快。

初始化阶段涉及如下 4 个方面的内容。

(1)问题的表现形式。面对优化问题,首先需要找到合适的编码方式与群智能计算优化算法进行匹配。也就是要确定问题的表现形式,是离散型问题,还是连续性问题,或者是混合型问题;在算法中用什么样的数据结构来编码。合理的数据结构和编码方式能有效提高算法的收敛速度并降低算法的计算成本。

(2)种群的规模。当问题的编码方式确定下来后,根据问题的要求和规模,需要设置对应的种群规模。一般来说,种群的规模越大,算法的寻优能力越强,但计算成本也会增加很多。较小的种群规模能降低算法的计算成本,但算法的搜索能力会相对减弱。合理的种群规模能得到最优解的同时也能降低算法的计算成本。

(3)参数的选择。算法一旦确定下来,需要算法执行过程中涉及的参数进行设置。不同的参数会对算法的收敛效果有着较大的影响。参数首先涉及的是算法的最大迭代次数和终止条件;再者就是算法运行所涉及的更新控制参数选择,如粒子群算法中的惯性权重系数、学习因子、蚂蚁算法中的挥发系数都是控制参数。这些控制参数的设置对算法的最终收敛结果的影响是非常大的。一般说来每一种算法都有一组最佳的参数组合配置。每一种群智能算法发展的背后,都离不开一部分学者研究算法参数的努力。

(4)评价函数。也称适应度函数、目标函数或者费用函数。用来评价智能计算优化算法中每一个个体的适应程度。如 TSP 问题中适应度函数就是路径的长度;居家健康照护设备中人脸表情识别参数的优化问题的适应度函数就是识别率表达式。合理选取适应度函数一方面可以提高评价的精准性,另一方面也能降低算法的计算量,提高算法的执行效率。

2)个体更新

个体的更新是进化算法的重要步骤,群智能计算优化算法就是依靠个体的更新来提高整个种群的适应度。

自然界中能力有限,行为看似简单的个体,当它们形成一个群体之后,却有着完美的协作与分工,能高效地完成非常复杂的任务。为了模拟这些个体的行为,群智能计算优化算法中,通常采用一种简单的编码方案来表示每一个复杂的生物个体,在算法执行的过程中,用一组简单的操作来模拟生物的行为更新或者进化过程。个体的更新在算法中涉及的操作,很多时候称为"算子"。不同的仿生智能优化算法涉及的算子也会不尽相同。

个体的更新方式大致分为两类:一种依靠自身的能力来实现局部最优解搜索从而更新自己;另一种则是借助于其他个体的指导来更新自身。

(1)自身更新。采用这类更新模式的算法主要有猫群算法的搜寻模式、细菌觅食算法、传统的进化计算算法、Memetic 算法、人工蜂群算法中的部分蜂种的更新、人工鱼群算法等。

猫群算法中当每一只猫处于搜索模式时,通过对自身位置的小范围的变异,找到更合适(适应度函数值更好)的位置。

细菌觅食算法中,满足迁徙概率的细菌会自身会进行迁徙,用新的个体来替代。而传统的进化计算算法则通过交叉变异等算子来实现个体的更新;Memetic算法则体现在局部搜索中依靠个体自身更新方式来获得更好的解。

人工蜂群算法中的自身更新则是在蜜源枯竭时用引领蜂直接来变更成为新的侦查蜂,其位置随机产生。

人工鱼群算法中每条鱼经过多次聚群、追尾、觅食等算子后,其适应度仍然没有变化时,则会用随机值来更新其他位置。

上述所有算法都是在自身的基础上进行变异操作或者加上一个简单扰动来替代原来的值,没有来自于其他个体的指导和干扰,只是在自身位置做简单的变异。这种操作一般不会给个体带来大幅度的变化。虽然随机值的更新方式具有较大的搜索范围,为找到最优解提供了一定机会,但这种更新方式有比较大的盲目性,搜寻的效率不高;若指定某个值来更新个体,则搜索的指导性会非常强,这要求指定值必须具有很高的适应度,而且容易陷入局部最优。如何寻找合适的指导方式来控制随机解产生的比例,这是自身更新方式下的重要研究内容之一。

(2)借助于其他个体更新。借助于其他个体的指导来更新个体的自身位置,每一个个体参考其他个体的成功经验来指导自己的行为,这样个体具有更多的社会性。这类的算法有猫群算法中的跟踪模式、粒子群算法、蚁群算法等。

猫群算法中,跟踪模式下的猫会参考种群中适应度最优的个体的位置来调整自己的位置和速度。

在全局粒子群算法中,每一个粒子的更新不仅参考群体中最优秀个体的值,同时也考虑自身的实际经验。而在局部粒子群算法中,粒子的更新除考虑自身经验外,同时参考附近区域内优秀个体的经验值。

蚁群算法中,每一只蚂蚁会根据每一条路径上的信息素的浓度来指导自己的下一步选择,而最优路径实际是最优蚂蚁构建的,也就说每只蚂蚁的行为得到了最优蚂蚁信息的指导。

混合蛙跳算法中,种群中最差适应度的青蛙要靠全局迭代最优青蛙和最差青蛙子群中最优青蛙两者协同更新其位置。

上述群智能计算优化算法中的个体都是靠和其他优秀个体进行交流后得到更新,能加速算法向最优解前进,但如果所参考的个体如果不是全局最优解,则这种指导会有很大的局限性。

3)群体更新

在群智能计算优化算法中,算法的收敛能力和收敛效果必须通过群体的更新来实现,群体的更新是建立在个体更新的基础上。群体的更新方式大致通过以下三种模式来实现。第一种方式为通过每一个个体的自身更新来最终实现群体的更新,大多数群智能计算优化算法直接通过这种方式来实现。第二种方式将初始种群分成若干个子群,整个群体的更新依靠每一个子群的更新来实现。例如,并行粒子群算法为了增加算法的搜索能力,算法初始阶段,将种群分成若干个子群,而后期再逐渐合并为一个群体,中间采用子群更新方式来实现群体的更新。第三种更新如遗传算法等,通过交叉变异等算子操作后,种群个体的数量对比原始种群有增加,这样通过选择机制来淘汰某些个体后,实现整个群体的更新。实践经验表明,为了增加种群的探索能力,适当保留少量适应度较低的个体是很有必要的,轮盘赌策略的引进就是基于这种思路。

2. 群智能计算优化算法的特点

群智能计算优化算法与传统的优化算法有很大的区别,其最大的特点是对所求的问题没有严格的数学要求,不一定要建立关于描述问题的精确数学模型,对于问题的连续性、可导性等也可以避而不谈。只需要提供算法所需要的适应度函数和所需要处理的问题的初始信息输入,对于那些难以建立数学模型类的优化问题,提供了很好的解决办法。

和传统的优化算法对比,群智能算法的特点可以描述如下。

(1)渐进式进化寻优。群智能计算优化算法具有进化算法的优点,通过群体每一次迭代更新来逐步提高个体的适应度,从而使下一代的适应度比上一代更好,逐步向最优解靠近,最终得到问题的最优解。

(2)基于指导的随机搜索。群智能计算优化算法是一种随机搜索方法,但实际上这种随机不是漫无目的,而是在适应度这个函数的指导下逐步实现的。一方面,群智能计算优化算法依靠自我更新这种模式来增加算法对未知领域的探索,使得算法具有更多的机会探索新的解;另一方面,利用现有个体的经验,减少搜索的盲目性,两者搜索方式结合,增强整个算法的搜索能力。

(3)算法天然的并行特性。群智能计算优化算法因其种群的个体数目较多,若干个体可以分成若干成组,每一组内的每一代都独立运算;另一方面,可以将解空间分解成若干子区间,各组之间不需要交换信息,实现组间的并行运行,种群机制使得群智能计算优化算法在并行性方面具有得天独厚的条件。

(4)问题内容的无关性。群智能计算优化算法不需要去深入研究问题的先验知识和相关基础,只是关心问题的输入形式,只要在初始化阶段选取适当的编码方式对问题进行编码,整个算法就能正常运行。对待解决的问题,相当于给定一组输入,然后群智能优化算法给出一个输出,这样算法和问题本身的独立性都非常强。

(5)通用性与智能性。世界上没有免费的午餐定理建议特定的问题采用特定的优化方法来解决。但这并不表明一种智能优化算法只能解决一类优化问题。恰恰相反的是,群智能计算优化算法因其只需要得到问题的初始输入和适应度函数就可以运行,对于那些难以建立确定数学模型、使用传统优化算法难以解决的优化问题都是非常适用的,具有较强的通用性;另一方面,因为群智能计算优化算法在执行的过程中不需要外来的干预,能够在待优化问题的解空间中自行组织寻优,具有很强大的自学习能力。因算法的自我适应、自我组织、并行性等特点而使得其具有智能性。

(6)鲁棒性。群智能算法具有进化算法的特点,无论初始解种群中间个体的差距多大,群智能算法都能通过迭代一步一步向最优解逼近。个体之间通过直接或者间接的方式进行交流,保证系统具有良好的扩展性。种群中某个个体的不良不会影响到整个群体的性能与收敛性,具有很强的鲁棒性。

(7)方便与其他算法结合。和其他算法比较,群智能计算优化算法的所涉及的控制参数很少,原理相对简单,种群中的个体与个体之间的交流,个体与环境的交流完全采用分布式来控制,具有良好的自我组织性。算法对待优化问题的连续性等数学性质无特别要求,这样对于其他算法产生的数据作为输入没有障碍,使得其非常容易与其他算法结合。正因为非常方便与其他算法结合,不同算法的算子的重新组合,也为新算法的设计也提供了一种思路和可能。

1.2 国内外的发展现状及趋势

大自然界生物的随机活动无时无刻不显示着其生活的智能。人类观察发现并了解这些现象后设计了许多基于生物群体活动的智能计算优化算法,他们的设计一方面吸取了人工生命的精华,另外一方面又保留了进化算法的优点。群智能计算优化算法从提出至今,经历了近三十年的发展,其中以 ACO 出现最早,相关的研究和改进版本也很多。Eberhart 等(1995)提出了 PSO,因其原理简单、高效适用等特点受到了众多研究者的关注,其相关的研究和应用非常广泛。其他群智能优化算法自提出后因其能在不同的应用领域取得很好的效果也得到了迅速的发展。

限于篇幅,本节仅选择蚁群算法和粒子群算法作为代表来简单概述群智能计算优化算法的国内外发展现状。

1.2.1 蚁群算法的发展概况

ACO 是全局最优化搜索方法的典型代表,具有强鲁棒性、并行性等特点。受蚂蚁觅食行为的启发,意大利的学者 Marco Dorigo 于 1991 年在第一届欧洲人工生命国际会议上提出 AS(蚂蚁系统)。虽然算法新奇而又充满趣味,但因为没有详细的解释和实验证明,未能引起其他学者的关注。但这不能阻止 Dorigo 团队对蚁群算法的研究。直到 1996 年 Dorigo 等(1996)将 AS 和遗传算法、模拟退火、爬山法、禁忌搜索等优化算法作了全面的比较,实验结果证明,在大多数情况下,AS 的性能完胜其他对手。自此,蚁群算法引起了众多研究者的关注,相关的研究和改进不断涌现。在 AS 算法框架的基础上,Dorigo 及其研究团队进一步提出了蚁群算法的一系列改进版本,如精华蚂蚁系统、最大最小蚂蚁系统、基于排列的蚂蚁系统等。这些算法从不同的角度增加更为合理的信息素更新方式,都从一定程度上提高了蚁群算法的搜索性能。随后,Dorigo 等(1997)发表题为 *Ant colony system: A cooperative learning approach to the traveling salesman problem* 的文章,对以前的蚂蚁算法版本做出了很大的改动,首先引入轮盘赌规则来增加蚂蚁探索新路径的概率,其次改进了信息素全局更新方式,同时引入局部信息素更新规则,改进后的算法性能明显优于以往的 AS 版本。它被认为是蚁群算法发展史上的一大里程碑。至此,蚁群算法得到了全世界研究者的认可。越来越多的学者加入蚁群算法研究的行列,各种不同版本的蚁群算法相继出现,收敛性也得到了一定的证明。徐精明等(2003)提出了多态蚁群算法,对不同类型的蚂蚁按照角色来分配任务,一定程度上提高蚂蚁的搜索效率,并获得较快的收敛速度。王崇宝(2009)将信息熵理论引入蚁群算法,通过减少冗余的循环来减少不必要的搜索,并进一步分析和证明了这种蚁群算法收敛的必然性。柯良军等提出一种信息素按照级别更新的规则,并以马尔可夫链为基础来证明蚁群算法的收敛性。针对蚁群算法容易陷入局部最优的缺点,也有不少学者提出了改进办法。陈烨(2001)在传统蚁群算法的基础上引入一种交叉算子来提高蚁群算法的搜索速度并防止陷入局部最优。段海滨则提出了一种基于云模型的蚁群算法,通过定性关联规则来防止蚂蚁陷入局部最优。

与此同时,一部分学者把蚂蚁算法的搜索能力从离散空间扩展到了连续空间。Mathur 等(2000)提出了一种全新的 CACO(连续蚁群算法),首次完成离散空间到连续空间的转换。Blum 等(2004)则提出了一种基于连续空间的超立方体框架蚁群算法(HC-ACO),这种框架简化了信息素的更新规则,同时也增加了算法的鲁棒性。Hu 等(2008)利用正交设计方法,让蚂蚁在可行区域内快速有效搜索,强化蚂蚁的搜索能力的同时也进一步增加了问题候选解的精度。

为了增强 ACO 的学习机制,Lin 等(2008)提出了一种并行蚁群算法,增强了蚁群算法解决问题的能力。同时,很多学者还将蚁群算法与粒子群算法、遗传算法、禁忌搜索法等算法结合来解决实际应用问题,这些算法慢慢渗透到了不同的应用领域,改进后 AS 的搜索能力随着应用领域的拓展也变得越来越强。

蚁群算法在解决 NP 难的组合优化问题方面表现出非常不错的性能,同时也在连续空间也展示了多面手的能力,蚂蚁算法的研究远未停止,更大的空间发展仍在等待持续不断努力的研究者。后续的研究会面向以下几个方面发展。

(1) AOC 的时间复杂度与城市的数量的平方成正比,随着城市数量的增加,使得蚁群算法的执行难以在工程问题可以接受的时间内结束。如何合理分解城市集数目,转换多个局部 TSP 问题,降低蚁群算法的执行时间,不失为一个合理的研究方向。

(2) AOC 的精华在于信息素,信息素的表达方式也是一个不可忽视的方面,基于大规模城市的数据集可能会引起信息素表示变量的溢出,合理改进信息素的表达方式,减少计算量也是可以考虑的方向之一。

(3) AOC 的整个流程和 PSO 等算法比较,略微显得复杂,越是简单的算法,其流行和应用的范围会更广。改进现有算法,简化其流程结构,可以让蚁群算法的研究会有更大的飞跃。

1.2.2　粒子群算法的发展概况

Eberhart 等(1995)将简单社会交往群体模型和简单的数学原理做了一个结合,一种新 PSO 因此而产生了。耳熟能详的社会拓扑结构和简单的向量合成知识对于大多数领域的研究者来说毫无障碍,一大批的学者加入到了 PSO 的研究行业。出现了许多相关的著作,包括研究综述、专著以及以 PSO 为主要研究内容的博士学位论文。众多的研究主要围绕算法的基本理论、算法的参数、算法的拓扑结构、如何与其他算法的结合以及扩展算法的应用领域等五个方面全面展开(张军等,2009)。

对 PSO 展开的理论研究主要集中在算法的基本原理、收敛条件等几个方面。Clerc 等(2002)首先给出 PSO 的稳定性分析,证明了当速度和位置的更新规则所构成的系数矩阵如果满足一定的条件,其收敛性是确定的。van den Bergh(2001)也作了类似的分析,但上述分析都没有考虑算法的随机性而相对具有一定的局限性。

Kadirkamanathan 等(2006)考虑了随机分量的影响,对粒子运行的稳定性进行了分析,但因分析的对象只针对全局最优和个体最优两个个体进行,不具有全面代表性。

Jiang 等(2007)利用随机过程理论分析了标准 PSO 的随机收敛性,并同时考虑算法中惯性权重和学习因子等参数对算法收敛结果的影响,其研究结果对后来的研究者有着非常大的指导作用。

对 PSO 的拓扑结构的大部分研究停留在静态拓扑。Kennedy 等(1999)分析了不同社会网络结构下静态拓扑结构对算法性能的影响。随后 Kennedy(2000)继续发展上述研究,提出两种不同拓扑结构的局部 LPSO 算法来增强算法的探索能力。

Parsopoulos 等(2004)则组合全局和局部两种结构,提出了一种标准 UPSO 算法。

尽管静态拓扑结构的 PSO 已经能够解决一些优化问题,但"探索"和"利用"两种搜索逻辑结合是群智能计算学科永恒的话题。Suganthan 等(1999)采用了一个动态的邻域空间,随着算法的进行,粒子更新所参考的邻域逐渐增大,直到包含所有的粒子为止。此外,一种由粒子之间的距离决定个体交流范围的 PSO 由 Binkley 等(2005)提出,成为动态拓扑 PSO 中不得不提的一种算法。

PSO 中的参数对算法的性能影响也是非常大的。很多学者都对 PSO 的参数进行过分析和研究,王俊伟等(2005)从种群大小、拓扑类型、问题编码与数据结构等多个方面对惯性权重进行了分析比较。Pedersen(2010)则对 PSO 的所有参数作了全面的分析和比较,并提供了各种最优参数值供其他研究者参考,为后续的PSO 研究者提供了丰富的经验宝库。

此外,一部分学者也尝试在 PSO 的基础上结合其他算法,引入新的算子,形成新的混合算法的改进版本。Angeline(1999)将选择算子引入到 PSO 中来提高搜索能力。Brits 等(2002)在 PSO 中引入小生境技术,增加 PSO 对多峰值问题最优解的搜索能力。为了扩展 PSO 的应用领域,Kennedy 等(2002)将 PSO 算法进行了离散化,形成了二进制编码的 BPSO。Clerc(2004)在离散 PSO 中加入加和乘算子来解决 TSP(旅行问题)。随着 PSO 的改进,PSO 的应用领域从函数优化扩展到电力系统、图像处理、多目标优化、机器学习、模式识别等领域。

尽管以 PSO 为代表群智能计算优化算法的研究取得了不错的进展,但仍然存在一些方面值得进一步探讨。

(1)大多数群智能计算优化算法容易陷入局部最优,现有的更新机制和进化的模式有无更有效的改进空间,针对不同的问题能否确保算法收敛。

(2)群智能计算优化算法的数学基础相对较弱,对算法的收敛性方面还有很多工作值得去做。

(3)大多数群智能计算优化算法是基于种群的,算法所需的运行空间较多;因此所耗费的计算量也较大,造成它们对硬件的有较强的依赖性。改进现有的群智能算法,减少对计算机硬件的依赖,降低算法的计算复杂度和空间复杂度是后续主要研究方向之一。

(4)扩展群智能计算算法的应用领域,增加算法的自学习能力也是必须考虑的要点之一。

目前,群智能计算吸引了众多的研究者的注意,越来越多的学者加入到群智能计算优化算法的改进和设计中,并把它应用到各种不同的领域。1.2 节中归纳总结了以蚁群算法和粒子群算法为代表的群智能计算优化算法的现状和新的发展趋势。现有智能计算的研究进展给后续研究者很大的信心和指导。在数学理论的不断发展的将来,群智能计算优化算法的理论将更加完善;各种改进版本将会层出不穷;新的群智能算法也会不断涌现;应用领域将进一步拓展。

1.3　简洁式智能计算优化算法

传统的群智能计算优化算法依靠大量种群的更新来获取问题的最优解;每一个个体的位置,包括历史最佳的位置和当前的位置都必须记录下来,指导每一个个体的后续迭代更新。这就要求运行算法所在的设备能提供足够的空间才能保证传统的群智能计算优化算法的执行。如前所述,有一些工程问题因条件限制,不是提供算法所需的环境。这类应用条件下,需要优化算法有着较好的性能的同时,对硬件的依赖性不是很强。

为了解决此类问题,一些研究者提出了一系列的算法(Cheung et al.,2005),并成功解决了各自领域的优化问题。这类算法有着更简洁的群体描述方式、更简单的群体更新方式,或者在计算成本上有着明显的改善、在算法的运行空间上有显著降低,我们把这类算法称为简洁式群智能计算优化算法。换言之,简洁式智能计算优化算法一方面采用简单的数据结构,使得整个算法的计算量大大减少;另一方面算法中涉及更新规则表达更简单,限制和参数条件更少;虽然整个算法的结构发生较大的改进,但算法的性能和效果并不会弱化。和同类算法比较,能达到相近或者更优的结果。由于其对硬件的依赖性较小,其应用的范围更加广泛。

简洁式智能计算优化算法是一种全新的算法,其发展才刚刚起步。其起源可以追溯到 EDA(分布式估计算法)。EDA 通过某个概率模型来描述解空间种群的分布情况,而简洁式智能计算优化算法也是采用这种思想来处理候选解空间。Harik 等(1999)首先用概率来决定离散基因位的取值,采用较少的个体达到同类遗传算法的性能。Mininno 等(2008)受这种思路的启发,用概率模型描述连续空间的解分布状况,并首先与简单遗传算法结合,一种基于连续空间优化的简洁式遗传算法产生了。在这种思路的启发下,Mininno 等(2011)继续把种思想引入到差分进化算法中,并成功应用到嵌入式控制系统中。Neri 等(2013)继承这种思路并与 PSO 结合,设计出 CPSO(简洁式分布式估计算法),取得了非常不错的效果;Zelinka 等(2010)按照基于正态分布模型描述解空间的,把简洁式"compact"思想作了系统而全面的介绍。Zhao 等(2012)则从简化数据结构入手,采用整数来表示信息素,设计更简单的信息素更新规则来减少算法的计算时间,达到了同类蚁群算法相近的收敛结果。

简洁式智能计算优化算法发展到今天,参与的研究者并不多,留给我们太多的研究点去思考,以下的内容值得我们去探讨。

（1）在连续空间,目前所有的研究者都采用正态分布模型来描述解空间,而正态分布概率模型适合描述大样本事件,对于小样本问题的估计,正态分布模型不一定适合,是否有新的概率模型来替代正态分布模型来解决小样本问题。

（2）利用概率模型产生新的候选解的计算过程比较复杂,因而产生比较大的计算量,如何改进候选解的产生办法,减少算法的计算成本是必须要考虑的要点之一。

（3）概率模型中因为归一化而产生的误差统计与实际的误差函数相匹配是扰动向量模型完备性的必要条件,这将对新的候选解的准确性产生很大的影响。不同概率模型下选择一个合适的误差函数来保证所有的候选解都落在解空间,成为更换概率模型首要考虑的问题。

（4）单个的个体参与后面的进化过程中,其产生真正最优解的机会肯定小于那些基于大量种群个体的同类算法。如何在保证节约算法的运行空间的条件下,改进现有搜索因子,提高算法的搜索能力,可以作为智能计算领域一个永久的课题。

（5）用概率模型来有效指导后续算法搜索范围,提高整个算法的搜索能力,是新的智能计算算法的思路之一,如何设计出新的智能计算优化算法与概率模型结合,是整个计算智能学科的重要发展方向之一。

第 2 章　量化蚁群算法及其在旅行商问题中的应用

众多的生物在生命的演化过程中,大自然赋予了它们不同神奇的功效。蚂蚁是一种非常小的个体生命,当我们留意它们的生活习性,会惊奇地发现,无论从出发点到食物之间有多少条可达路径,它们总是能找到一条到达目的地的最短路径。

蚂蚁之间交流的核心是信息素,从出发点到食物的多条路径中,路径长的蚂蚁就会走的少,留下的信息素也就非常小;而路径短的及经过的蚂蚁就会多,留下的信息素也就多。受蚂蚁这一行为的启发,Marco Dorigo 在 1991 年第一届欧洲人工生命会议上提出了一种全新的仿生智能计算优化算法——蚁群算法的基本模型。1992 年他又在其博士论文中进一步阐述了蚁群算法的思想。1996 年,Dorigo 提出了 AS(蚂蚁系统)。在这篇文章里,Dorigo 不仅详细介绍了 AS 的基本原理及其算法流程,同时也比较了蚂蚁系统的三个不同版本:基于蚂蚁数量的蚁群算法、基于蚂蚁密度的蚁群算法和基于蚂蚁圈的蚁群算法。这三者之间的差别在于不同版本对每一条访问路径的信息素释放时间点和数量是不同的。前两种版本的算法中蚂蚁每访问一座城市,就对其经过的路径释放信息素;而第三种蚂蚁圈版本的算法则在蚂蚁构建完一条完整的回路后才根据路径的长度排名来释放信息素。此外,蚂蚁密度版本算法中蚂蚁每次释放的信息素的数量是不变的,而蚂蚁数量版本算法中蚂蚁每次释放的信息素的数量与蚂蚁每次拜访的城市之间的距离相关;只有蚂蚁圈版本算法中蚂蚁释放的信息素数量才与蚂蚁构建的整条路径的长度相关,并首次采用了全局信息而使得算法具有更好的性能。Dorigo(1996)在这篇文章中将 AS 与遗传算法等经典优化算法做了比较,证明了上述比较算法中 AS 具有最优的寻优能力。此后,蚁群优化算法得到了国内外学者的广泛关注,各种改进版本相继出现(徐精明,2005)。

由于基本的蚂蚁系统算法存在收敛速度慢,容易进入停滞等缺点,Dorigo 及其研究团队首先提出了第一个改进版本——精华蚂蚁系统。在原来 AS 的信息素更新规则的基础上,构建出至今最优路径的蚂蚁可以给予适当的奖励,为其经过的路径添加额外的信息素,但添加的信息素数量必须在参数的控制下进行。实验结果证明该算法比 AS 有着更好的性能和更快的收敛速度。

受精华蚂蚁系统的启发,Bullnheimer 等(1997)提出了基于排列的蚂蚁系统

(ASranked),在 AS 的基础上,给予排名前几名的蚂蚁有释放更多信息素的权利,它们释放的信息素可以加上一个放大系数,这样各边上的信息素的差异会进一步变大,使得算法具有更快的收敛速度和更高的寻优能力。Stützle 等(1997)则进一步发展 AS 的思想,于 1996 年提出了 MMAS(最大最小蚂蚁系统),首先把所有路径的信息素大小被限制在一定的范围内,防止非真正的最优路径被过分地夸大;其次只允许历史最优蚂蚁或者是迭代最优蚂蚁来释放信息素,所有的蚂蚁按照这两个准则来进行构建自己的路径,如果算法的收敛结果仍然进入停滞状态,所有边的信息素都将会被重新初始化,这样所有边又处于同一起跑线上,增加了探索新路径的概率。实验证明 MMAS 有着比其他版本蚁群算法更好的性能。

1997 年,蚁群算法的研究出现了其发展历史上的一个里程碑,ACS(蚁群系统)正式被 Dorigo 等提出,它改进信息素全局跟新规则,增加信息素的局部更新规则,采用伪随机比例规则让蚂蚁选择下一个城市节点,使得 ACS 的性能达到了更高的层次。自此,蚂蚁算法的研究进入一个非常活跃的时期,应用领域不断扩展,从最初的 TSP 问题,陆续渗透到其他领域,如指分配问题、作业调度问题、车辆路由、连续优化、系统辨识、图像处理等。

在 ACS 基础上,因为更多研究者的参与,蚁群算法的研究进一步向前发展。徐精明等(2005)提出了多态蚁群算法,将蚁群中的蚂蚁分为三类:侦查蚁、搜索蚁和工蚁,不同蚂蚁实施不同功能和信息素更新规则,一定程度上改进了搜索的速度。王崇宝通过求每次循环中各个蚂蚁所走路径上的信息素之和的熵来估计蚁群算法收敛的最优迭代次数,从而得到蚁群算法的最优循环次数,一定程度上免去了多余的循环时间。

上述方法从不同的角度来改进信息素的更新方式,不同的蚂蚁赋予不同的功能,确实从一定程度上提高了算法的性能,但这些改进方法存在一个共同的问题:信息素用浮点数表示。信息素的值是一个与路径倒数相关的实数,它会直接影响蚂蚁选择哪一座城市作为访问目标的概率。它的表示精度必须非常高,才能影响路径的选择。随着迭代次数的增加,某些边上的信息素的数量会变得越来越大,要想精确表示信息素,必须用占用很大内存空间的变量来存储,否则可能会因为表示范围不够而使得信息素的变动不再影响路径的选择;而且随着迭代次数的增加,信息素的有效位数会逐渐增加,计算所耗费的时间逐步增大,从而影响整个程序的运行速度。

2.1　蚂蚁系统

Dorigo 最初提出 AS 是以求解 TSP 为例,后续的改进版本大多数仍以 TSP 为应用背景。ACS(蚁群系统)主要由两大步骤构成,也就是路径构建和信息素更新这个关键点,下面以这两大步骤为主线来描述整个算法。

2.1.1 状态转移规则与路径构建

TSP 是典型的组合优化问题,描述蚂蚁算法一般都是以此为应用背景,具体细节如第 1 章定义 1.1 所示。

任意一只蚂蚁 K 随机选择一座城市节点 i 出发,并用一个路径变量 P^k 来记载蚂蚁 K 依次访问的城市编号;当蚂蚁 K 在构建整个城市访问回路时,下一个要访问的城市 j 只能由如定义 2.1 所示的伪随机比例规则来确定。

定义 2.1 伪随机比例规则。

ACS 中,对于任意一只蚂蚁 K,其路径变量 P^k 已经按照访问顺序存储所有第 K 只蚂蚁所访问的城市序号;位于城市 i 的蚂蚁 K 会根据式(2-1)的伪随机比例规则选择下一个城市 J。

$$J = \begin{cases} \arg\max_{j \in J_{k(i)}} \{\tau(i,j)^\alpha [\eta(i,j)]^\beta\}, & q \leqslant q_0 \\ s, & \text{其他} \end{cases} \quad (2\text{-}1)$$

式中:$J_{k(i)}$ 表示城市 i 可以直接到达的且该蚂蚁未访问过城市集合;$\eta(i,j)$ 为启发式信息,通常用 $\eta(i,j) = 1/d_{ij}$ 来计算;$\tau(i,j)$ 表示边 (i,j) 上的信息素;α 和 β 为控制参数,控制路径长度与信息素量的相对权重;q_0 为控制状态转移时向最优移动方向的概率。

为了保证在小概率下的城市仍然有被选中的可能,同 AS 算法一样,在 ACS 中,采用如定义 2.2 所示的轮盘赌策略来增加蚂蚁探索新路径的可能。

定义 2.2 轮盘赌策略。

位于城市 i 的蚂蚁 K 选择下一个城市 j 的作为访问目标的概率为

$$P_k(r,s) = \begin{cases} \dfrac{[\tau(r,s)] \cdot [\eta(r,s)]^\beta}{\sum\limits_{u \in J_k(r)} [\tau(r,u)] \cdot [\eta(r,u)]^\beta}, & s \in J_k(r) \\ 0, & \text{其他} \end{cases} \quad (2\text{-}2)$$

式(2-2)各变量的含义和式(2-1)相同。

在 ACS 的状态转移规则中,蚂蚁向最优方向移动的概率为 q_0,蚂蚁利用其他构建的最优路径来指导自己的下一步的选择;与此同时,蚂蚁还有($1-q_0$)的概率向非最优方向探索,这样非目前最优路径仍然有被选中的可能。轮盘赌策略从一定程度上保证了蚂蚁探索新路径和利用当前最优路径之间的平衡,不至于过早陷入局部最优解。

2.1.2　信息素更新规则

1. 信息素全局更新规则

在 ACS 的信息素全局更新规则中,只有至今最优的蚂蚁才有资格释放信息素,如式(2-3)所示。根据式(2-1)和式(2-2),信息素浓度大的路径被选中的概率仍然大于信息素浓度小的路径,总体上仍然保证算法具有明确的导向性。

$$\tau(i,j) = (1-\rho) \cdot \tau(i,j) + \rho \cdot \sum_{k=1}^{m} \Delta\tau_k(i,j), \quad (i,j) \in T_b \qquad (2\text{-}3)$$

式中:c_h 为当前迭代最优路径;$\Delta\tau_k(i,j)$ 为信息素增量单位,一般按照 $\Delta\tau_k(i,j) = 1/c_b$ 来计算;ρ 为信息素挥发系数;T_b 为至今最优路径。

需要说明的是,信息素全局更新规则只能在至今最优的路径上进行。而 AS 中,信息素的释放都是对所有路径的边上进行的,信息素更新时其计算复杂度表示为 $O(n^2)$,而 ACS 算法的全局信息素更新的计算复杂度降为 $O(n)$,整个算法的计算量会有一个明显下降。而挥发系数 ρ 则控制每一条边的信息素的增长范围,使其限制一定范围内。

2. 信息素局部更新规则。

与 AS 大不同的是,ACS 同时增加了局部更新规则,在寻求路径的过程中,对于每一只蚂蚁 K,当其访问某一条边 (i,j) 时,立刻对该条边的信息素进行更新,具体更新方式如式(2-4)所示。

$$\tau(i,j) = (1-\varepsilon) \cdot \tau(i,j) + \varepsilon \cdot \tau_0 \qquad (2\text{-}4)$$

式中:ε 为信息素局部挥发系数;τ_0 为信息素设置的初始值,一般用 $\tau_0 = 1/nC^{nm}$ 来计算,C^{nm} 是算法初始根据贪婪算法构建的路径长度,n 为城市的数目,而 m 为蚂蚁的数目。

显然,ε 满足 $0 < \varepsilon < 1$,根据段海滨等的经验,ε 为 0.1 时蚁群算法会取得较好的性能。由于 $\tau_0 = 1/nC^{nm} \leqslant \tau(i,j)$,式(2-4)计算出来的更新后信息素对比更新前的减少了,该条边被其他蚂蚁选中的可能性就会降低,从某种程度上增加了蚂蚁探索其他边的概率,有效地避免了算法提前进入停滞状态。

2.2　量化蚁群算法

如 2.1 节所述,蚁群算法的整个过程伴随着每一边上的信息素更新;随着迭代次数的增加,某些边上的信息素会逐渐递大,其有效位会逐渐增加。为了让信息素的数值大小真正影响到路径的选择,每一点变化都需要记载,这样在算法运行的过程中必须保证有足够的空间来保存信息素的值,确保信息的精度不受存储精度的影响,也就必须用足够长度的浮点数来表示。众所周知,在计算机程序运行的过程中,整数运算比浮点数的运算速度快很多,而且所占用的内存空间较小。改进信息素的表示从某种程度上可以提高整个程序的运行速度。基于此,在 ACS 的基础上,本书提出 QACS(量化蚁群算法),用整数表示来替代原有信息素的表示方式,并采用全新的信息素更新规则,整个算法实现的细节将在后面的章节中详细描述。

2.2.1 信息素的编码

在量化蚁群算法中,信息素用整数来表示,但确定的编程环境下,整数的表示范围也是有限的,而且随着迭代次数增加时,信息素的大小也会超出整数的表示范围而造成运算溢出;而且随着某条边上的信息素的无限制的增加,也不利于新的路径的探索。因此,我们对信息的大小进行了限制。具体表示如式(2-5)所示。

$$\tau = m, \ m \in \mathbf{Z}, 1 \leqslant z \leqslant 2^n, n \in \mathbf{Z} \tag{2-5}$$

式中:z 为正整数集合;n 为某一自然数。

在算法的运行过程中,m 的值会被限制在一定的范围;m 的初始值大小会对算法的收敛结果有较大的影响,这点将会在后续的实验部分中讨论。

2.2.2 信息素的更新规则

信息素采用整数表示的目的是为了减少算法的计算复杂度,防止信息素应过大而"溢出"。在 ACS 中,信息素的更新涉及全局信息素挥发系数 ρ 和局部信息素挥发 ε,它们都是[0,1]的小数;如果采用整数来表示信息素,信息挥发时再乘以相应的挥发系数,信息素又会还原到浮点数状态。为了避免这种情况出现,需要改进原有的信息素更新规则,消去全局更新和局部更新的两个挥发系数。新的更新和挥发规则具体描述如下。

1)信息素全局更新规则

$$\tau(i,j) = \tau(i,j) + \Delta\tau_k \tag{2-6}$$

$$V\tau_k = \begin{cases} 4, & (i,j) \in C_b \text{ 和 } T_b \\ 3, & (i,j) \in T_b \\ 2, & (i,j) \in C_b \\ 0, & \text{其他} \end{cases} \tag{2-7}$$

式中：T_b 为至今最优路径；C_b 为当前迭代最优路径。

式(2-6)可以这样解释，构建至今最优路径的蚂蚁和构建本次迭代最优路径的蚂蚁都可以对其访问过的边添加信息素。这点和 ACS 和 MMAS 也不同，前者只允许构建至今最优路径的蚂蚁释放信息素，而后者构建至今最优和当前最优的蚂蚁两者交替释放信息素。如果使用至今最优路径更新原则，则算法的搜索导向性会很明显，算法很快收敛并向 T_b 靠近；如果只保留当前迭代最优则算法的探索概率会增大，而收敛的速度会降低。量化蚁群算法的上述规则就是兼顾收敛速度与探索能力而设计。

通过分析得知，AS 算法的信息素更新应用到系统所有的边上，其时间复杂度为 $O(n^2)$，这里的 n 为城市集的所有边数的数目；量化蚁群算法的信息素全局更新时间复杂度为 $O(n)$，这点对比传统的 AS 有明显的改进。与 ACS 的全局信息更新时间复杂度一样。

2）信息素局部更新规则

$$\tau(i,j) = \tau(i,j) - 1 \tag{2-8}$$

按照 ACS 的信息素局部更新原则，凡是蚂蚁走过的路径，对其相应的边立即释放信息素，而释放的结果使得经过的边上的信息素减少而不是增加。在量化蚁群算法中，式(2-8)也基于同样的原理，让蚂蚁走过的路径的信息素减少而增加算法探索新路径的能力，吸收了 ACS 的全局探索特性。

3）信息素挥发规则

为了更好地模拟信息素的挥发特性，量化蚁群算法消去挥发系数的同时也要维持信息素的挥发特性。每次迭代完毕，所有的路径信息素应挥发掉一部分，直到信息素变为最小值 1 为止，如式(2-8)所示。但这个挥发是基于在每次迭代所有路径构建完毕后执行的，这样保证所有路径的信息素大小差别不是太大，都有被选中的可能。同时也给蚂蚁提供了更多的探索机会。

值得一提的是，当某条边上的信息素减小至 1 或者增加至信息素的最大表示范围时，该边上的信息素值已经没有任何指示含义，需要对其边进行初始化。所有初始化的边又开始处于同一起跑线上，等待被重新探索。

2.2.3 算法流程

基于 2.2.1～2.2.2 小节所述，量化蚁群算法的算法流程可以用如图 2-1 所示的伪代码表示。

量化蚁群算法的伪代码描述

输入:给定城市集 c= {$c_1, c_2, \cdots, c_n$}和信息素初始与路径长度之间的权重控制参数 α 和 β;蚂蚁的数目 m;探索和利用控制参数 q_0。

输出:TSP 问题的最短路径。

```
Begin
1. construct C^nn by greedy algorithm;      /使用贪婪算法构建路径 C^nn
2. T_b=C^nn,C_b=C^nn;                        /设置全局最优路径初始值和迭代最优路径
3. set initial pheromone value τ^0=128 ;
4.  while (iteration<Maxiteration);
5.    for each ant k do
6.      random select a city i as the start city;
7.      if (i in cityset)
8.        ant k select next city j according to state transition rule;
9.        run local pheromone updating rule;
10.       updating C_b;
11.     end if
12.   end for
13.   run global pheromone updating rule;
14.   updating T_b;
15.   iteration=iteration+1;
16. end while
17.   output T_b;
End
```

图 2-1　量化蚁群算法伪代码图

2.3　实验结果与分析

　　量化蚁群算法的信息素更新规则既有 MMAS 的影子,又保留了 ACS 信息素更新的特点。作为蚁群算法划时代的版本,ACS 是后续改进版本比较时不可或缺的比较对象。基于此,本书选择最早的蚂蚁系统,有着类似限制条件的 MMAS 和 ACS 作为选比较算法。为了使每种比较的算法的性能达到最佳程度,所有比较算法的所有采用的参数参考 Dorigo 等(1996)的文章设置,具体如表 2-1 所示。

表 2-1 比较算法的参数列表

算法	α	β	ρ	τ_0	ε
AS	1.0	2.0	0.5	m/C^m	
MMAS	1.0	2.0	0.98	$1/(\rho \cdot C^m)$	
ACS	1.0	2.0	0.9	$1/(n \cdot C^m)$	0.1
QACS	1.0	2.0	0	255	0

本次实验的运行的软件硬件环境如下。

CPU 为 Intel Celeron G530,主频 2.4GHz,内存 4GB,操作系统为 Windows 7,程序代码采用 Visual C++ 6.0 编写。

在 2.2 节提到过,信息素的初始值设置对量化蚁群算法的收敛结果有较大的影响,为了找到最佳的信息素初始值,对量化蚁群算法的信息素表示范围和初始值作了不同的组合配置,实验结果也尽不同。表 2-2 展示了不同表示范围和不同初始值的条件下,量化蚁群算法的运行结果。

表 2-2 比较算法的参数列表

最大值 m	τ_0	最优解	运行时间/ms	城市集
15	1	462	8 488	eil51
15	8	449	8 531	eil51
15	15	449	8 405	eil51
255	1	427	8 427	eil51
255	128	426	8 386	eil51
255	255	427	8 393	eil51
65 535	1	427	8 455	eil51
65 535	128	427	8 422	eil51
65 535	255	426	8 466	eil51
65 535	32 768	426	8 460	eil51
65 535	65 535	427	8 456	eil51

综合表 2-2 与表 2-3 的数据，信息素表示范围设置为[1,255]，而信息素的初始值设置为 $\tau_0 = 128$ 是一组不错的组合。

在信息素变化范围为区间[1,255]和 $\tau_0 = 128$ 这样的条件下，分别比较了四种不同蚁群算法在 eil51，eil76，bier127 三种不同城市集下各自的收敛结果、运行时间、迭代次数等相关的比较。

也尝试在 eil76 城市集上做了相同的实验，实验结果如表 2-3 所示。表 2-2 和表 2-3 中的实验结果也表明，信息素的初始值 τ_0 取中间值 128 是，无论是收敛效果还是计算时间都有一定的优势。

表 2-3   比较算法的参数列表

最大值 m	τ_0	最优解	运行时间/ms	城市集
15	1	636	66 880	eil76
15	8	616	65 130	eil76
15	15	630	67 369	eil76
255	1	542	66 682	eil76
255	128	538	64 890	eil76
255	255	539	64 953	eil76
65 535	1	539	66 630	eil76
65 535	128	541	64 927	eil76
65 535	255	541	67 875	eil76
65 535	32 768	539	65 411	eil76
65 535	65 535	634	66 638	eil76

2.3.1   基于收敛结果与迭代次数的比较

为了得到公平的比较结果，eil51 数据集下，蚂蚁的数目一律选择 20，而 eil76 和 bier127 数据集下，蚂蚁的数目为 50。

eil51 数据集下，参与比较的算法各自的收敛结果如图 2-2 所示。从图 2-2 可以看出，量化蚁群算法在初始阶段的收敛效果并不是很好，但随着迭代次数的增加，量化蚁群算法的会逐步收敛，且收敛效果在后期比其他算法会更好。和 MMAS 一样，只要迭代没有结束，所有边上的信息素仍然有可能被初始化，这样潜在最优解就一直有机会被发现，收敛就会一直坚持下去。

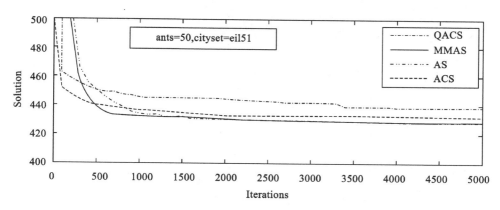

图 2-2　四种算法在 eil51 城市集下收敛结果与迭代次数的比较

　　图 2-3 展示了几乎与图 2-2 相同的结果。图 2-3 也可以看到量化蚁群算法有着非常不错的性能，与此同时，ACS 的实验效果并不令人非常满意，当城市集数量较小时，其优势并不明显。当城市的数目慢慢增大时，ACS 的优势才逐步显示出来。

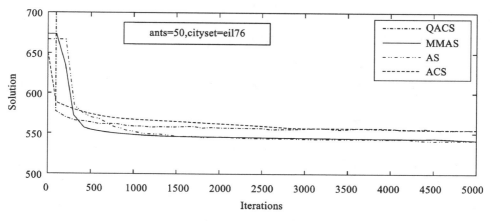

图 2-3　四种算法在 eil76 城市集下收敛结果和迭代次数的比较

　　从上面的实验结果可以看出，因为 AS 和 MMAS 没有这种保留历史最优值的同时确初始化所有边上的信息素的机制，寻优能力会相对弱一些。MMAS 虽然在信息素更新过程中也考虑了全局最优的作用，因为没有通盘考虑全局最优对整个算法的影响，在全局最优和迭代最优之间没有找到一个相对的平衡点，只是简单地

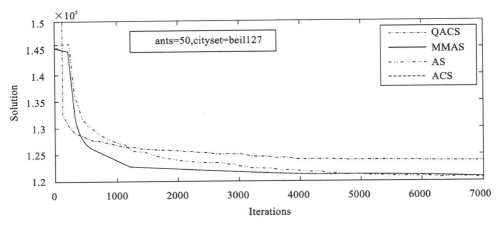

图 2-4   四种算法在 bier127 城市集下收敛结果比较

交替采用两种更新方式,所以搜索能力也会比量化蚁群算法弱一些。此外,ACS也并不是所有的时候都能取得很好的性能,如果不同路径之间的差别不是很大,信息素的值和路径之间所形成的值不足以影响蚂蚁来选择下一条路径,ACS 的优势就会不明显。但随着城市数据集的增大,蚂蚁的数目增加时,其搜索的优势才会逐渐体现,这个特点在后续的实验结果中都有展示。

2.3.2   基于收敛结果与运行时间的实验结果比较

图 2-5 显示了 QACS 与其他三种算法在 eil51 下收敛效果与运行时间的比较。

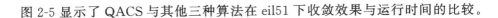

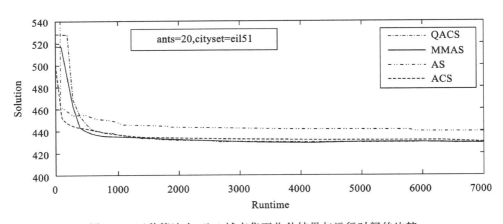

图 2-5   四种算法在 eil51 城市集下收敛结果与运行时间的比较

从图 2-5 中展示的效果来看,QACS 也有不错的效果,其收敛结果明显优于 MMAS 和 AS,且最终的收敛结果不比蚁群系统差。图 2-6 也可以看到类似的效果。

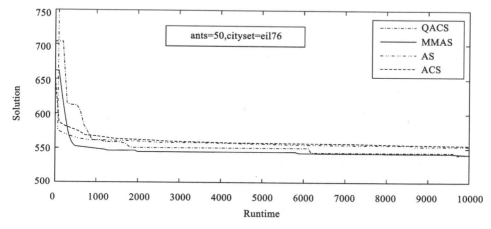

图 2-6　四种算法在 eil76 城市集下收敛结果与迭代时间比较

在 bier127 城市集下的四种算法的运行时间也有类似效果,限于篇幅,不再赘述。单纯从运行时间的绝对值来看,量化蚁群算法的节省效果并不是非常明显,主要原因在于量化蚁群算法运行过程中有多次收敛结果是否停滞的判断,当收敛结果进入停滞后所有边的信息素重新初始化,这样增加了算法的运行时间。尽管增加了收敛结果停滞判断和多次信息素初始化,算法的整体运行时间仍然有一定的优势。从这点来看,节省算法运行时间的设计目的已经达到。根据 2.3.1 节所展示的收敛效果来看,简化信息素表达方式和更新规则后的量化蚁群算法的收敛效果不差于任何比较算法。

2.3.3　基于相同收敛结果与不同迭代次数比较

为了充分验证量化蚁群算法的收敛效果,同时也进行了另外一组基于相同收敛效果与迭代次数的比较。

在 eil51 数据集的测试中,相同的收敛结果,不同的算法需要不同的迭代次数,量化蚁群算法和其他三种算法比较的实验结果如表 2-4 所示,本次比较采用蚂蚁 20 只。"x"表示该算法不能达到此收敛效果。

表 2-4　eil51 城市集下基于相同收敛结果与不同迭代次数的比较

解决方案	AS	MMAS	ACS	QACS
444	2 000	450	350	650
439	4 000	520	680	850
436	10 000	650	1 300	900
428	x	8 500	>8 500	<6 000

eil76 数据集下,采用蚂蚁 50 只,面对相同的收敛结果,不同的比较算法也显示出不同的信息,具体实验数据如表 2-5 所示。

表 2-5　eil76 城市集下基于相同收敛结果与不同迭代次数的比较

解决方案	AS	MMAS	ACS	QACS
554	7 100	500	<4 000	<1 300
547	x	1 200	5 400	2 500
544	x	6 700	6 500	5 700
542	x	x	>9 000	<8 700

从表 2-5 可以看出,量化蚁群算法能持续不断收敛,直至找到最优解。bier127 城市集下的实验结果也证明了量化蚁群算法的这个特点,如表 2-6 所示。

表 2-6　bier127 城市集下基于相同收敛结果与不同迭代次数的比较

解决方案	AS	MMAS	ACS	QACS
124 141	200	950	1 900	3 500
123 946	4 000	1 000	2 200	3 800
122 931	9 000	1 200	3 100	5 300
123 946	4 000	1 000	2 200	3 800
122 931	9 000	1 200	3 100	5 300
121 995	x	2 300	4 000	7 400
120 966	x	6 800	6 000	8 000
120 478	x	9 700	9 000	9 600
120 313	x	10 000	10 000	10 000

2.3.4　基于相同迭代次数与不同收敛结果的比较

最后一组实验是基于相同迭代次数与收敛结果的比较,实验仍然选择在 eil51,eil76 和 bier127 这三个城市集上进行。在 eil51 城市集上的实验比较结果如表 2-7 所示。表 2-7 数据显示,起初 QACS 的收敛结果并不一定非常好,但随便迭代次数的增加,QACS 的收敛效果逐步赶上 ACS,并在很多时候胜过 ACS,且最终结果一定不输于 ACS。

表 2-7　eil51 城市集下相同迭代次数与不同收敛结果的比较

迭代次数	AS	MMAS	ACS	QACS
500	450.8	439.0	440.2	458.5
1000	445.6	432.5	436.9	438.5
2000	444.1	430.9	433.2	430.0
3000	441.9	429.8	433.1	429.4
5000	439.0	428.4	432.1	428.1
10 000	436.6	428.0	427.0	427.0

eil76 上的实验结果如表 2-8 所示,从表 2-8 依然可以看出,随着迭代次数的增加,QACS 会不停向全局最优解逼近。

表 2-8　eil76 城市集下相同迭代次数与不同收敛结果的比较

迭代次数	AS	MMAS	ACS	QACS
500	565.6	561.3	578.7	570.2
1 000	563.2	552.3	567.6	552.3
2 000	559.9	550.3	563.7	545.7
3 000	558.3	549.2	558.1	544.2
5 000	556.9	548.4	556.2	542.0
10 000	556.5	546.9	552.1	541.1

bier127 城市集上的实验数据如表 2-9 所示。也展示了量化蚁群算法的持续收敛性。

表 2-9　bier127 城市集下相同迭代次数与不同收敛结果的比较

迭代次数	AS	MMAS	ACS	QACS
500	128 256	127 204	130 602	130 611
1 000	127 034	124 095	127 295	127 454
2 000	125 777	122 177	124 092	125 878
3 000	125 211	121 914	123 048	121 769
5 000	124 041	121 251	121 308	120 437
10 000	123 699	120 313	120 313	120 122

整个实验结果表明,量化蚁群算法有着很好的性能,除初始收敛不够快外,其余各个方面都能超过其余比较的算法。算法运行空间的减少是显而易见的,但运行时间并没有绝对的优势,只能与 ACS、MMAS 不相上下,究其原因,我们在设计的过程中加入了防止寻优停滞而设置的信息素阶段性初始化,若全局最优解连续多代没有任何变化,所有边上的信息素都会被初始化,这样增加了量化蚁群算法的实际运行时间。

第3章　简洁式猫群算法及其在灰度图像切割中应用

近年来,群智能计算优化算法得到了快速的发展,出现很多基于生物启发式的群智能算法。Karaboga(2005)提出 ABC(人工蜂群算法)来解决多变量的优化问题。Hadidi 等则进一步发展了人工蜂群算法并将其应用领域扩展到了平面和空间桁架整个结构的优化。而 Zhang 等(2000)则把人工蜂群算法应用到聚类问题中。李晓磊等(2002)提出一种人工鱼群算法来解决组合优化问题。Zheng 等(2010)进一步改进了人工鱼群算法并用来解决多机器人任务规划问题。Eusuff 等(2001)提出了一种混合蛙跳算法,并用来解决水资源调度问题。Passino(2002)提出的一种新型细菌觅食算法来解决连续优化问题,Datta 等(2008)通过设计自趋化步长策略来提高细菌觅食算法的收敛速度。Chu 等(2007)首次提出了一种全新的 CSO(猫群算法),它采用一种合作搜索的方法,在标准的测试函数实验中展示了非常不错的性能。Tsai 等(2008)进一步发展猫群算法,提出了猫群算法的改进版本,基于并行化结构的猫群算法。Tsai(2012)等再次改进并行化猫群算法,减少了算法的计算量,在函数测试中取得了更加精确的结果。猫群算法在解决连续优化问题中展示的优越性能并吸引了众多研究者的关注。Santosa 等(2010)引入新的元启发式方法到猫群算法中,并与数据聚类方法结合来寻找更优的聚类效果。Wang 等(2010)利用猫群算法来解决最低有效位中隐藏机密数据后伪装图的最优品质问题。Orouskhaui 等(2011)通过改进跟踪模式下更新规则,引入加权平均惯性权重参数到猫群算法中,使得猫群算法具有更好的性能。Panda 等(2012)利用猫群算法来解决无限冲击响应系统中的优化问题。Pradhan 等(2012)提出利用猫群算法来解决多目标优化问题的方法。

一系列的猫群算法及其改进版本在解决各类问题中表现出不俗的性能。然而,猫群算法是基于种群的,依靠大量的个体一起协作寻找最优解。每一个个体的历史速度、位置、适应度等相关信息必须计算和存储,这就要求计算机必须有很强的计算能力和足够的内存空间才能保证算法的运行。在计算机技术日益发展的今天,在大多数应用场合,硬件的计算能力和程序的运行空间不再是大多数研究者需要考虑的问题,但仍然存在一些应用场合,其硬件设备的计算能力非常有限而且与之配套的软硬件环境也非常不够。特别是发生在以下三种应用环境中。

第一种情况是基于硬件成本和空间环境等条件限制。这类问题多发生在嵌入式控制器系统、微型机器人、物联网传感器终端等环境中。如现在较为流行的野生动物拍摄监控终端,因野外作业环境限制以及节能考虑,只能采用功耗很低的CPU 和与之配套的存储设备。另外如勘探物联网中某些无线传感器终端的布置基本是一次性的,因为成本和节能的限制,不可能去使用计算能力非常强的硬件设备,这样导致终端的计算能力和存储空间都受到限制。

第二种情况是因为实时控制系统的原因,系统必须避免延迟,面对请求有快速的反应;这类情况多发生在工业控制系统中,如火车控制系统遇到紧急情况,其控制系统必须做出及时的反应来避免出现问题。

第三种情况因为系统有容错的需求。因特殊环境的要求,系统不允许出现任何差错,必须简化其功能而使其有非常强的容错能力;有的系统甚至几个月或者几年不会关闭,这就要求系统的功能简单,甚至在部分器件损坏的情况下仍然能够正常工作。这类问题多发生在某些特殊领域。20 世纪 70 年代如美国国家航空航天局控制系统中所使用的 IBM AP-101S 计算机,其内存只有 1 MB,硬件系统非常简单;另外如某些航海系统,其他控制中心的设备可能好几个月一直处于开机状态,保证其稳定工作成为设计的首要因素,这类设备都是基于简单硬件系统而设计的。

上述应用环境在生活和工作并不少见,这些场合中也有问题需要去优化。采用传统的仿生智能优化算法会有很大的难度:一方面,传统的群智能计算优化算法是基于种群的,需要大量的运行空间来记忆所有种群的相关信息;另外一方面,传统的仿生群智能计算优化算法涉及大量的样本数据,这几类应用场合的计算设备不一定具备很强的计算能力,有的即使能勉强完成计算,其计算时间也不一定能为工程问题所接受。所以改进和设计出新的简洁式群智能计算优化算法来解决上述应用问题,成为非常必要的一个课题。

上述应用环境的需求也吸引了一些研究者的关注。Harik 等(1999)率先提出了一种新奇的遗传算法,它采用一种概率模型来确定基因每一位的取值,算法只需要很少的内存空间就能运行,算法也能得到一个能够接受的收敛结果。受 Harik等这种概率分布模型描述基因这种思想的启发,Ahn 等提出了 ecGA(简洁式遗传算法),用较少的程序运行空间,对比 cGA,收敛结果有明显的进步。Jewajinda 等(2008)则用细胞的概念来改进 cGA,其收敛结果对比 cGA 也有明显的进步。更为重要的是,Mininno 等(2008)首次把这节省内存空间的思想从离散空间迁移到连续空间,采用一种正态分布概率模型来描述解空间的样本分布状况,设计出了一种非常节约运行空间的简洁式遗传算法,并成功地把它嵌入到了微控制嵌入式系统中。基于概率模型来描述种群的这种表示方法,使得上述算法节约了大量的运行空间,同时也减少整个算法系统的计算量。努力的 Mininno 团队,秉承概率模型描述种群的思想,随后又设计出了 CDE(简洁式的差分进化算法),并成功嵌入到电机控制系统中。Neri 等进一步发展 Mininno 的思想,提出了 cPSO(简洁式的粒子群算法),也只使用了和简洁式进化算法相近的内存,在不同维度测试函数的检验下,表现出比以往简洁式智能优化算法更好的性能,热电厂电力系统成功优化案例更是证明了简洁式粒子群算法非常适合微控制系统中的优化问题。

正如前面所提到的,猫群算法因为非常不错的优化性能而广泛应用到各种场合。但因为基于大量种群的原因很难直接应用于上述的简单控制系统中。基于此,本书提出了一种简洁式猫群算法的设计方案,采用正态分布概率模型作为扰动向量,这种虚拟种群的表示方法不仅节约算法的运行空间,同时为了算法后续的寻优提供了良好的起点;保留猫的两种搜索模式,引入差分算子,改变原有搜寻模式下位置的更新规则,使得猫群的探索能力更强;仅仅采用一只猫来交替实现两种模式的搜索,节省算法空间的同时避免了大量种群造成的计算成本。在 47 个标准测试函数的实验中,简洁式猫群算法在大多数情况下表现出比已有简洁式智能优化算法更好的性能;案例应用分析同时也证明了简洁式猫群算法非常适合嵌入到硬件条件相对较弱的灰度图像切割设备中。

3.1　猫群算法与虚拟种群的取样机制

3.1.1　猫群算法

1. 猫群算法的基本原理

生活中的猫类,很多时候我们认为它们处于一种懒散状态。但事实不完全是这样,它们的懒散中蕴含了警惕,一旦有猎物出现,它们会迅速转换状态,全力进入追踪模式。受猫类动物这种生活习性的启发,Chu 等(2007)提出一种新型的猫群算法,它把每一只猫看作待优化问题的一组候选解。猫和粒子群算法中的粒子一样,有自己的速度和位置,其位置的好与差都可用适应度函数来评价。不同的是猫的更新模式有两种,一种是搜寻模式,另一种是跟踪模式。搜寻模式下,猫复制自身的位置多份,每一个副本根据预先设置的参数来微调自身位置,产生新的位置信息,多个副本中适应度最好的位置用来更新猫的位置。跟踪模式下,猫的行为类似粒子群算法中的粒子,但只参考全局最优的个体来更新自己的位置。每只猫只能处于一种模式,多种群下两种模式同时进行,适应度最好的个体就是问题的最终解。

CSO 在开始前,必须先随机分组,每一只猫必须处于一种模式,即搜寻模式或者跟踪模式。Chu 等(2006)认为种群中应有 98% 的猫应处于搜寻模式。

2. 搜寻模式

当猫处于搜寻模式下,每一只猫会将自身的位置复制成若干份,然后将其存储到对应的记忆池 SMP 中。这里的记忆池 SMP 实际就是一个临时的存储单元,根据 Chu 等(2006)的经验,记忆池的大小一般设置为 5。每一只猫会根据事先设定的最大变化范围(SRD)来随机调整自身的值。一般来说,SRD 的大小为 0.2。也就是说,猫的每一位基因(问题变量的每一个维度)的变化范围为其原始值的 −0.2~0.2,这里的微调相当于执行进化算法的变异算子:

$$x_i^k = x_i^k + \Delta x_i^k \tag{3-1}$$

式中:x_i^k 为第 k 只猫的位置变量的第 i 维度;Δx_i^k 为 x_i^k 的调整(变异)范围。

当 SMP 中所有猫副本的位置微调完毕后,挑选出适应度最好的位置来更新相应猫的位置,也就相当于执行其他进化算法中的选择算子。

并不是猫的每一个维度都需要变异,需要变异的维度范围(CDC)在程序开始前需要设定,但变量变化的维度范围越大,猫的搜索能力越强。

搜寻模式下,不再考虑猫的速度,默认为不变。

搜寻模式的具体流程如图 3-1 所示。

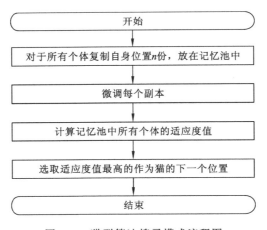

图 3-1　猫群算法搜寻模式流程图

3. 跟踪模式

当猫处于跟踪模式下,猫的行为和 PSO 的粒子的行为类似。通过速度和位置的变化来实现个体的更新。其更新规则如式(3-2)和式(3-3)所示。

$$v_i^k(t+1) = v_i^k(t) + C \cdot rand \cdot [x_{gbest}(t) - x_i^k(t)] \tag{3-2}$$

$$x_i^k(t+1) = x_k(t) + v_i^k(t+1) \tag{3-3}$$

式中：C 为加速因子，一般取值为 2.0；rand 为 $[0,1]$ 的随机数；x_{gbest} 为群体中适应度最好的猫的位置；t 为当前迭代次数；x_i^k 为第 k 只猫的位置的第 i 维度，类似变量上下标具有相同含义。

跟踪模式下猫群的流程如图 3-2 所示。

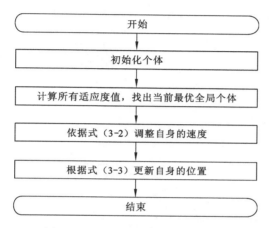

图 3-2　猫群算法跟踪模式流程图

4. 算法流程

和普通群智能计算优化算法一样，CSO 也分为初始化阶段、个体更新阶段、群体更新阶段三个大的部分。其中初始化阶段比粒子群算法更为复杂，涉及各种参数设置，首先是种群数量、分组率 GR、个体变化范围 SRD、个体维度变化范围 CDC、最大迭代次数等。初始化阶段必须完成这些参数的设置。整个算法可以分为如下几个步骤。

（1）初始化猫的种群。

（2）根据分组率随机分配猫群的模式。

（3）评价猫群，并选出全局最优。

（4）根据分组更新每一只猫。

（5）评价猫群，选出全局最优。

（6）若不满足算法结束条件，转步骤（2），如满足结束条件，输出最优解。猫群算法中种群的数量一般都比较大，这样保证每次循环中既有猫处于搜寻模式，也有猫处于跟踪模式。两者的比例设置为 98∶2 时,猫群算法的性能较好。其流程可以用如图 3-3 所示的伪代码来表示。

猫群算法的伪代码描述

输入:问题 P,P 的定义域,评价函数 fitness。
输出:全局最优解 global best。
Begin
1. initialize(cats);   /初始化猫群
2. grouping(cats);   /猫群分组
3. evaluate(cats);   /评价猫群并选出最好的个体
4. golobal best=select(cats);   /选出最好的个体
5. updating(cats);   /根据其模式更新每一只猫
6. evaluate(cats)
7. golobal best=select(cats);
5. If didn't meet the termination condition goto step 2;
6. output the global best;DEnd

图 3-3 猫群算法伪代码图

3.1.2 虚拟种群的取样机制

前面的章节已经提及,简洁式优化算法是基于虚拟种群的。基于种群的进化算法采用多个个体来描述整个种群分布,个体在算法初始化阶段随机产生,后面不再产生新的个体。而简洁式优化算法中采用概率分布模型来描述个体,一般情况下,正态概率分布会成为首选。概率模型的直接作用是用来产生个体,希望通过概率模型的期望和方差的调整使得下一次产生的个体比上次产生的个体有更好的性能,因此,概率模型在这里称为扰动向量,用变量 PV 来表示。针对不同类型的优化问题,PV 有不同的数据结构。在简洁式遗传算法中,PV 是一串二进制码的基因,而在连续空间优化问题中,PV 采用实数编码方案,其表现形式为一个 $n \times 2$ 矩阵,即

$$PV^t = [\mu^t, \sigma^t] \tag{3-4}$$

式中:μ 为对应正态分布函数 PDF 的平均值;σ 为对应正态分布函数 PDF 的标准差;t 为当前迭代次数。

正态分布函数一般可以用下式来表示:

$$PDF(x_i) = \frac{1}{\sqrt{2\pi}\sigma_i} e^{\frac{(x_i - u_i)^2}{2(\sigma_i)^2}} \tag{3-5}$$

式中：x_i 为设计变量 x 的第 i 维的分量；u_i，δ_i 为设计变量 x 每一维 x_i 对应的正态分布密度函数 PDF 的平均值和标准差。

对应的概率分布函数

$$\text{CDF}(x)=\int_a^b \text{PDF}(x)\mathrm{d}x \tag{3-6}$$

为了不失一般性，把所有变量应归一化到区间 $[-1,1]$。归一化的结果使在区间 $[-1,1]$ 内正态分布密度函数 PDF 对应的卷积函数 CDF 小于 1，这种操作会造成解空间是不完备的，可能会有不在区间 $[-1,1]$ 内的潜在最优解被漏掉。为了确保所有潜在解都落在映射区间 $[-1,1]$，在文献[27]，[28]，[96]中作者引入高斯误差函数来弥补有限区间造成的误差。高斯误差函数

$$\text{erf}(x)=\frac{2}{\sqrt{\pi}}\int_0^x \mathrm{e}^{-t^2}\mathrm{d}t \tag{3-7}$$

根据式(3-7)可以推出，在区间 $[-1,1]$，变量 $x(-1\leqslant x\leqslant 1)$ 的概率可以表示为

$$p(-1\leqslant x\leqslant 1)=\frac{1}{2}\left[\text{erf}\left(\frac{1-u}{\sigma\sqrt{2}}\right)-\text{erf}\left(\frac{-1-u}{\sigma\sqrt{2}}\right)\right] \tag{3-8}$$

这样，被归一化到区间 $[-1,1]$ 的概率密度函数

$$\text{PDF}[\text{truncNorm}(x_i)]=\frac{\sqrt{\frac{2}{\pi}}\mathrm{e}^{-\frac{(x_i-u_i)^2}{2(\sigma_i)^2}}}{\sigma_i\left[\text{erf}\left(\frac{u_i+1}{\sqrt{2}\sigma_i}\right)-\text{erf}\left(\frac{u_i-1}{\sqrt{2}\sigma_i}\right)\right]} \tag{3-9}$$

从式(3-9)可以看出，落在的区间 $[-1,1]$ 外的部分候选解可以通过误差函数映射到区间内，而不是把原有数据进行简单的截取。其过程如图 3-4 所示。

因此，当随机产生一个在 $[0,1]$ 内的 CDF 值时，根据式(3-6)的反函数，可以计算得到相对应的变量 x 值，如图 3-5 所示。

基于 PV 的取样机制可以这样描述：首先，初始化虚拟种群，变量 x 的每一个维度 x_i 其对应的平均值和标准差分别被赋值 0 和 λ，也就是 $\mu_i=0$，$\sigma_i=\lambda$。这里的 λ 是一个常数，根据 Mininno 等的经验 λ 初始设置为 10 较为合理，这样能够保证初始的 PDF 的分布范围较为"宽阔"。其次，随机产生一个 $[0,1]$ 内的随机数并把它当作 CDF 函数的值。通过求式(3-6)的反函数，计算得到 x_i 的值。此外，为了节约计算成本，上述取样过程中用到反函数计算采用切比雪夫多项式近似计算方法来替代。

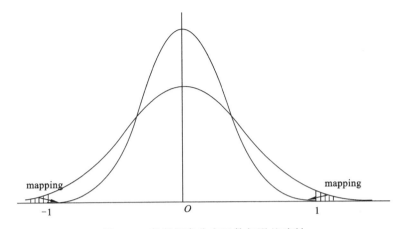

图 3-4　　高斯概率分布函数与误差映射

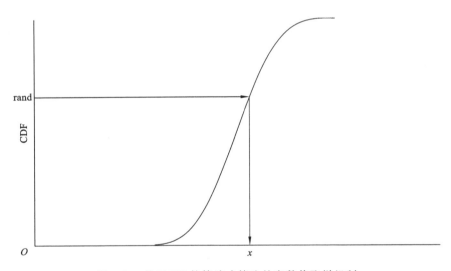

图 3-5　　基于 PV 的简洁式算法的实数值取样机制

3.1.3　扰动向量更新规则

　　虚拟种群的扰动向量 PV 用来产生新的个体,也就是待解决问题的新的候选解。算法通过更新扰动向量来产生性能更好的解。扰动向量 PV 的 u 和 σ 更新规则为

$$u^{t+1}[i] = u^t[i] + \frac{1}{N_p}(\text{winner}[i] - \text{loser}[i]) \tag{3-10}$$

$$\sigma^{t+1}[i] = \sqrt{(\sigma^t[i])^2 + (u^t[i])^2 - (u^{t+1}[i])^2 + \frac{1}{N_p}(\text{winner}[i] - \text{loser}[i])} \tag{3-11}$$

式中：N_p 为虚拟种群的数量，一般为传统进化算法种群的 10 倍左右；winner 为两个不同个体比较时适应度较好的个体；loser 为两个不同个体比较时适应度较好的个体；i 为向量的第 i 维度；t 为当前迭代次数。

在扰动的更新规则式(3-10)中，关于 winner 和 loser 的作用会在后面的章节中详细讨论。u 根据向量(winne-loser)来调整前进方向，而大小靠虚拟种群数量 N_p 来控制。式(3-11)中，采用组间分类距离最大，组内差距最小的取样原则来更新。σ 用来调整正态分布曲线的宽泛程度，当 σ 较大时，由 PV 产生的变量值会距离平均值 u(期望)较远，当 σ 较小时，由 PV 产生的个体值会比较接近 u。这点对于调整算法的收敛速度有非常重要的意义。但在算法初期，系统产生的解离最优解比较大时，需要有较大的 σ 来传递给扰动向量，期望产生的个体变化范围较大；而在算法收敛的尾期，适合用较小 σ 来传递给扰动向量，以期望产生的个体变化范围较小而逐渐靠近最优解。

整个扰动变量的作用就是产生更有效个体，让后续各种算子的搜索有更明确的指导，减少搜索的盲目性。

3.2　简洁式猫群算法

基于 3.1 所述的虚拟种群机制，采用正态分布概率模型作为扰动向量，本节提出了一种全新的简洁式猫群算法，整个算法过程仅仅只采用一只猫来参与后续的进化搜索，搜寻模式和跟踪模式交替进行。细节将在后面的章节中展开讨论。

3.2.1　初始化与扰动向量更新

1. 算法初始化

cCSO 的初始化涉及两个方面，首先是参数设置。简洁式猫群算法中的猫，代表待优化问题的一个可行解，和普通猫群算法一样，也涉及位置和速度、速度和位置的更新参数等。与此同时，虚拟种群的数目也需要考虑，N_p 一般情况默认为 300，当考虑问题的收敛精度时，可以在 300～500 进行调整。其次是扰动变量和猫群的初始化。扰动向量的初始化在 3.1.2 节已经提过，也就是令 $\mu_i = 0$，$\sigma_i =$

$\lambda(\lambda=10)$；而猫群的初始化相对简单，仅有一只猫，其初始位置和速度随机产生。

在初始化阶段，扰动向量的 $\mu_i=0$，$\sigma_i=10$。其概率分布相对宽广，同时因为误差函数的引入，一方面潜在的解都能映射到区间[-1,1]内；另一方面，宽幅的概率分布，保障了解的分布的广泛性。

需要说明的是，简洁式猫群算法相对简单，个体维度改变的数目（CDC）、个体维度的变化范围（SRC）等参数不再成为考虑因素；而分组率需要调整，为了保证猫群算法的两种模式都能执行到，调整原猫群算法 GR=0.98 的分组率为 GR=0.5，而在搜寻模式下，调整猫群记忆池的数量来平衡两种模式的比例。

2. 扰动向量更新规则

cCSO 中，扰动向量依然采用式（3-10）和式（3-11）来实现 u 和 δ 的更新。在3.1.2节已经提到过，有个非常重要的向量 winner 和 loser。当扰动向量产生一个新的解，我们默认是猫的局部最优值，它会和当前迭代下的猫的位置进行比较，适应度较好的个体称为 winner，而另一个称为 loser。这时候的 winner 和 loser 用来更新 u 和 σ。式（3-10）会根据向量（winner-loser）的方向决定 u 的前进方向，而（winner-loser）$/N_p$ 控制 u 增幅大小。

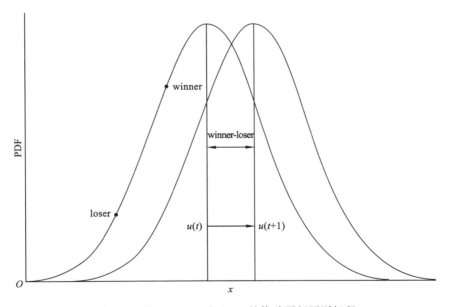

图 3-6　基于 winner 和 loser 的扰动更新原则解释

　　首先,对任何基于一个正态分布概率模型下的扰动向量,当标准差很小时,其产生的解有很大的概率落在中心轴 $x=u$ 附近。也就是说,向量(winner-loser)的大小可能会对下次产生的个体的值有一定的作用。另一方面,winner 胜过 loser,说明潜在的最优解靠近 winner 这个方向,u 按照(winner-loser)$/N_p$ 这个扰动步伐向当前最优解的方向移动,以期望找到更优的 u 和 σ。图 3-6 中 u 的移动方向就是上述变化过程的一个示意图。

3.2.2　搜寻模式更新规则

　　当猫进入搜寻模式,通过下式来实现自身更新:

$$x_i = x_i + F \cdot (\text{winner}(i) - \text{loser}(i)) \tag{3-12}$$

式中:winner(i)为个体适应度较好者的第 i 维;loser(i)为个体适应度较差者的第 i 维;F 为缩放系数,$F = 1/N_p$。

　　简洁式猫群算法搜寻模式下的更新规则和传统的猫群算法发生了较大的变化,式(3-1)的更新规则在 CDC、SRC 等参数的限制下进行。按照式(3-1)进行的更新方式,猫的搜索方向只是沿着 x 的正反方向做搜索。其变异算子为 Δx_i,而 $x_i + \Delta x_i$ 只是对 x_i 进行尺度上的放大或者缩小,如图 3-7 所示。按照式(3-12)所进行更新原理如图 3-7 所示。猫的搜索方向是全方位的。其搜索能力从理论上应比传统的猫群算法会更强。此外,winner 与 loser 是两个另外的个体,变量 x 和(winner-loser)差分后的向量 Δx 进行合成也在某种程度上继承了差分进化算法的部分思想。所以式(3-12)代表的更新规则保留了差分进化算法的优点,对比式(3-1)的更新方式又增强了算法的"探索"能力,在一定程度上降低算法陷入局部最优的概率。

　　此外,按照 Chu 等的经验,处于搜寻模式和处于跟踪模式下的猫的比例为 0.98：0.02 时,猫群算法的性能会比较好。但简洁式猫群算法所采用的猫只有一只,本书通过增大搜寻模式的记忆池来实现 0.98：0.02 的比例。

3.2.3　跟踪模式更新规则

　　当猫处于跟踪模式下,只有一只猫来参与最佳位置的搜索。猫只根据全局最优值来更新自身位置,没有考虑猫个体本身的历史最优值,即

$$v_i(t+1) = w \cdot v_i(t) + C \cdot \text{rand} \cdot [x_{\text{gbest}}(t) - x_i(t)] \tag{3-13}$$

$$x_i(t+1) = x_i(t) + v_i(t+1) \tag{3-14}$$

式中:w 为惯性权重,为 -0.4。

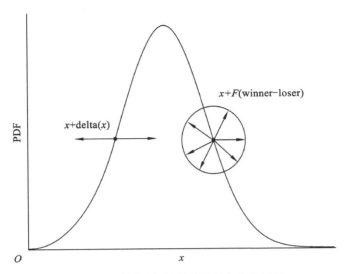

图 3-7　不同更新规则的搜索方向与区域

式(3-13)与式(3-2)的唯一差别是惯性权重 w，按照式(3-2)的更新方式，猫会快速地收敛于某个最优值，收敛速度快，但容易陷入局部最优。根据 Orouskhani 等的经验，w 参数的加入能适当调整算法的收敛速度，避免算法提前陷入早熟。

3.2.4　算法实现过程

简洁式猫群算法的实现过程可以这样描述。

首先，初始化算法所需要的参数，令虚拟种群数目为 300，归一化所有的变量到区间 $[-1,1]$ 中，扰动向量 $\mathrm{PV}u_i=0, \sigma_i=10$。随机产生一只猫的位置和速度并默认为全局最优。通过扰动向量产生一个个体，默认为局部最优。然后分组，给定猫的模式。若猫进入搜寻模式，则按照搜寻模式更新规则更新位置，并最终获取一个新的位置。和全局最优比较并留下适应度更好的作为新的全局最优；若猫进入跟踪模式，按照跟踪模式更新规则更新猫的位置和速度，和全局最优比较，留下适应度更好个体来更新全局最优。两种模式持续更新直至满足迭代终止条件。整个算法的过程用伪代码描述如图 3-8 所示。

猫的两种搜索模式中，搜寻模式倾向于"探索"，寻找新的最优解；而跟踪模式则是"利用"，充分利用现有猫的经验来加快算法的收敛。两种搜索逻辑按照一定的比例协作平衡，能大大增强算法的寻优能力。

```
                      简洁式猫群算法的伪代码描述
输入:问题 P,定义域,评价函数 fitness。
输出:全局最优解 gbest。
Begin
1. initialize the cat;                    /初始化所有的变量
2. random generate xgb,cat.x and cat.v;/随机产生全局最优,和猫群的位置、速度
3. grouping the cat;                      /对猫进行分组
4. while(t<maxiteration)
5.   if(the cat is in seeking mode)
6.      updating cat.x according to the corresponding rule;
9.      updating u and sigma according to formula (3-10) and (3-11);
10.   end if
11. if(the cat is in tracing mode)
12.     updating the cat according to the corresponding rule;
13.     updating u and sigma according to formula (3-10) and (3-11);
14.   end if
15. selectthe global best;
16. t=t+1;
17. end while
18. output the global best;
End
```

图 3-8   简洁式猫群算法伪代码图

3.3   实验结果及其分析

为了全面测试本书提出的 cCSO(简洁式猫群算法)的性能,参考陈宝林 (1989)中所使用的标准测试函数,本次实验采用 47 个测试函数,包括常见的测试 函数和它们的坐标中心转移版本,以及一些组合函数。考虑简洁式猫群算法面对 不同维度的问题可能会有不同的性能,此次实验对同一测试函数分别从 10,30, 50,100 等不同维度来进行了实验效果比较。具体的测试函数清单见附录。

cCSO 作为群智能计算优化的一员,其性能的比较必须有经典的 PSO 算法来 参与;其对应的传统猫群算法也是必须考虑的对象。另一个方面,简洁式猫群算法 作为简洁式优化算法的成员,必须与同类的 rcGA(简洁式遗传算法)、cDE(简洁式 进化算法)、cPSO(简洁式粒子算法)进行比较才有意义。再者,从节省程序运行空 间的角度,ISPO(简单单粒子优化算法)也会作为此次实验比较的对象。

本次实验平台采用个人电脑,具体配置为 Pentium(R) Dual-core E6600 CPU,主频3.06GHz,内存 2.96 GB。使用 Windows XP 操作系统,编程语言为 MATLAB10a。

为了让每一种参与比较的算法发挥出最好的性能,所有算法涉及的参数采用各自的最佳设置,在类似的参考文献中已经证明每一种比较算法在参数设置条件下能获得最好的成绩,具体如表 3-1 所示。

表 3-1　算法参数设置列表

算法	参数	算法来源	算法	参数	算法来源
rcGA	$N_p = 300$	Mininno E (2008)	DE	$N_p = 60, F = 0.5,$ $C_r = 0.9$	Stern (1997)
cDE	$N_p = 300, F = 0.5,$ $C_r = 0.3$	Mininno E (2011)	PSO	$\phi_1 = -0.2, \phi_2 = -0.07,$ $\phi_3 = 3.74$ $\gamma_1 = \gamma_2 = 1, N = 60$	Kennedy (1995)
cPSO	$\phi_1 = -0.2, \phi_2 = -0.07,$ $\phi_3 = 3.74$ $\gamma_1 = \gamma_2 = 1, N_p = 300$	Neri F (2013)	ISPO	$A = 1, P = 10,$ $B = 2, S_f = 4,$ $H = 30, \varepsilon = 10^{-5}$	Cody (1969)
CSO	$N_p = 60, c_1 = c_2 = 2,$ $W = 0.9$	Chu (2006)	cCSO	$w = -0.4, c_1 = 2,$ $c_2 = -0.07$ $N_p = 300, F = 1/300$	

在所有的比较算法中,所有基于种群的算法其种群的数目一律设置为 60。为了得到相对公平的比较结果,所有的实验结果都是在运行 30 次后求平均得到的。在本节后续所呈现的表格中,"±"两边的值代表经过 30 次运行后计算得到的平均值及其相对于平均值的标准差。"+"代表本书提出的简洁式猫群算法性能胜过比较算法,而"−"则表示该比较算法性能胜过本书提出的简洁式猫群算法。

3.3.1　算法运行空间比较

因本书提出的 cCSO 采用虚拟种群来描述解空间样本,没有大量的实际种群产生,这种基于虚拟种群的表示方式只需要很少的程序运行空间;算法随后部分的进化更新中也只采用一只猫来搜索解空间,猫的历史位置和速度并不需要存储,这样整个算法所需要的运行空间非常少。和简洁式粒子群算法一样,简洁式猫群算法仅仅只有 5 个常用的变量在算法中出现。所有比较算法运行需要的内存空间比较如表 3-2 所示,其中 N_P 为种群数量。

表 3-2　所有比较算法运行空间比较

算法	主题组成	运行空间
ISPO	Single particle optimization,learning period for velocity	2
rcGA	Compact GA based structure,persistent elitism,1 sampling	4
cDE	Compact DE based structure,3 sampling	4
cPSO	Compact PSO based structure,1 sampling	5
cCSO	Compact CSO based structure,1 sampling	5
PSO	Standard PSO structure	$2N_P$
DE	De/rand/1/bin structure	N_P
CSO	CSO based structure	$2N_P$

从表 3-2 可以看出,简洁式猫群算法和简洁式粒子群算法、简洁式差分进化算法、简洁式遗传算法,还有简单单粒子优化算法等都对内存空间要求不高,属于运行空间节省型的算法,而猫群算法、粒子群算法、还有差分进化算法等是基于种群的优化算法,需要足够的程序运行空间和较大的计算成本来支撑算法的运行。

3.3.2　节省运行空间算法收敛结果比较

表 3-3 展示了 cCSO 与其他简洁式优化算法在 47 个标准测试函数上的不同实验结果,其中也包括简单单粒子优化算法。因为篇幅原因,表 3-3 只显示了 cCSO 和 cPSO 性能比较的直接关系,与其他算法的比较结果需要通过表中的数据来观察。cPSO 表现出非常不错的性能,在已有的简洁式智能优化算法中,综合性能是最优的,和 cPSO 比较最能体现 cCSO 的性能。然而在所有 47 个测试函数的实验数据中,与 cPSO 比较,cCSO 在 18 个函数上性能是超过它的;在 14 个函数上两者性能几乎相同。cCSO 与所有参与比较的节省运行空间的优化算法比较,则在 17 个函数上测试结果超越其他算法。

表 3-3 节省运行空间算法性能比较

函数	rCGA	cDE	ISPO	cPSO	W	cCSO
f1	1.426e+04± 9.26+03e	8.731e−29± 1.87e−28	8.438e−31± 3.30e−31	6.471e+01± 2.28+01	+	9.398e−02± 1.13e−02
f2	2.85e+04± 6.57e+03	3.779e+03± 1.84e+03	1.183e+01± 5.90e+00	2.560e+03± 2.36e+03	+	9.117e+02± 8.57e+02
f3	1.281e+09± 1.59e+09	1.291e+02± 1.83e+02	2.026e+02± 3.29e+02	1.320e+05± 7.46e+04	+	4.855e+01± 3.81e+00
f4	1.874e+01± 3.58e−01	8.694e−02± 2.96e−01	1.942e+01± 1.55e−01	3.728e+00± 3.71e−01	+	2.897e−01± 2.03e−01
f5	6.434e−03± 1.30e−02	4.288e−03± 1.37e−02	1.123e+01± 1.75e+01	9.636e−08± 3.07e−08	−	7.461e−04± 1.93e−05
f6	1.962e+02± 2.84e+01	7.943e+01± 1.49e+01	2.547e+02± 4.22e+01	2.940e+01± 7.94e+00	+	5.4e−07± 7.94e+00
f7	2.311e+03± 2.46e+03	4.982e+03± 3.79e+03	2.253e+03± 8.61e+02	4.614e+02± 2.40e+02	=	2.990e+02± 5.10e−07
f8	3.193e+03± 8.00e+02	1.672e+03± 4.49e+02	5.767e+03± 5.37e+02	3.160e+03± 9.75e+02	=	7.760e+03± 5.57e+02
f9	1.009e+04± 2.36e+03	8.549e+03± 2.13e+03	2.754e+04± 6.09e+03	1.344e+04± 1.74e+03	=	1.028e+04± 1.73e+03
f10	3.696e+05± 1.79e+05	4.264e+04± 2.34e+04	4.327e+03± 4.53e+03	1.040e+06± 1.16e+05	+	8.855e+05± 6.48e+04
f11	1.850e+01± 4.36e−01	1.707e+00± 1.10e+00	1.949e+01± 1.88e−01	3.699e+00± 3.53e−01	+	9.490e−05± 2.57e−06
f12	5.768e−02± 1.04e−01	2.394e−01± 2.02e−01	0.000e+00± 0.00e+00	9.567e−08± 2.69e−08	+	4.340e−08± 3.74e−09
f13	2.153e+02± 3.95e+01	1.313e+02± 1.86e+01	2.565e+02± 4.14e+01	3.924e+01± 2.31e+01	−	2.70e+02± 0.00e+01
f14	3.245e+01± 4.52e+00	2.989e+01± 3.48e+00	4.776e+01± 4.33e+00	3.942e+01± 1.15e+00	−	7.093+02± 2.39e−01
f15	5.252e+00± 5.19e+00	2.314e−16± 5.65e−16	1.183e−6± 2.89e−17	1.778e+00± 4.27e−01	+	1.287e−01± 2.13e−02

续表

函数	rCGA	cDE	ISPO	cPSO	W	cCSO
f16	$-1.000e+02\pm$ 4.43e$-$09	$-1.000e+02\pm$ 1.63e$-$09	$-1.000e+02\pm$ 8.38e$-$15	$-1.000e+02\pm$ 8.45e$-$05	=	$-1.000e+02\pm$ 0.00e$+$0
f17	1.451e$+$00$\pm$ 1.87e$+$00	2.816e$-$23$\pm$ 3.15e$-$23	9.993e_01$\pm$ 1.55e$+$00	1.702e$+$00$\pm$ 7.09e$-$01	$-$	2.143e$+$00$\pm$ 4.27e$-$01
f18	$-5.484e-01\pm$ 1.10e$+$00	$-1.151e+00\pm$ 4.99e$-$16	$-2.259e-01\pm$ 1.27e$+$00	$-1.030e+00\pm$ 7.55e$-$01	$-$	$-3.643e-01\pm$ 2.89e$-$01
f19	4.337e$+$02$\pm$ 4.74e$+$01	2.602e$+$02$\pm$ 3.03e01	4.043e$+$02$\pm$ 4.14e$+$01	4.403e$+$01$\pm$ 3.44e$+$01	$-$	4.500e$+$02$\pm$ 1.76e$-$03
f20	$-1.516e+01\pm$ 2.75e$+$00	$-3.346e+01\pm$ 1.86e$+$0	$-3.348e+01\pm$ 1.63e$+$00	$-2.063e+01\pm$ 2.33e$+$0	$+$	$-5.862e+01\pm$ 4.19e$-$01
f21	8.371e$+$03$\pm$ 1.61e$+$03	5.342e$+$03$\pm$ 8.46e$+$02	9.678e$+$03$\pm$ 1.08e$+$03	4.784e$+$03$\pm$ 1.09e$+$03	$-$	1.309e$+$04$\pm$ 1.09e$+$03
f22	2.013e$+$01$\pm$ 1.47e$-$01	1.786e$+$01$\pm$ 2.88e$-$01	1.950e$+$01$\pm$ 7.50e$-$02	3.899e$-$01$\pm$ 5.18e$-$01	$+$	2.617e$-$01$\pm$ 1.33e$-$01
f23	1.646e$+$02$\pm$ 2.35e$+$01	4.041e$+$01$\pm$ 1.40e$+$01	1.246e$-$13$\pm$ 1.00e$-$14	4.657e$-$02$\pm$ 2.39e$-$02	=	9.012e$-$02$\pm$ 5.17e$-$03
f24	8.487e$+$04$\pm$ 8.13e$+$03	2.942e$+$03$\pm$ 1.58e$+$03	1.251e$-$30$\pm$ 3.08e$-$31	6.918e$-$02$\pm$ 2.54e$-$02	$-$	4.338e$-$01$\pm$ 5.70e$-$02
f25	$-6.348e-03\pm$ 3.23e$-$04	$-9.162e-03\pm$ 6.26e$-$04	$-4.552e-03\pm$ 3.78e$-$04	$-7.858e-01\pm$ 1.60e$-$14	$-$	0.000e$+$00$\pm$ 0.00e$+$00
f26	$-2.177e+01\pm$ 3.08e$+$00	$-4.937e+01\pm$ 3.53e$+$00	$-6.557e+01\pm$ 3.19e$+$00	$-2.920e+01\pm$ 2.53e$+$0	=	$-2.780e+01\pm$ 1.42e$+$0
f27	2.523e$+$05$\pm$ 2.59e$+$04	1.050e$+$04$\pm$ 6.30e$+$03	3.497e$-$30$\pm$ 8.74e$-$31	2.217e$-$02$\pm$ 4.04e$-$03	$-$	6.411e$-$02$\pm$ 4.04e$-$03
f28	1.165e$+$03$\pm$ 7.34e$+$01	4.219e$+$02$\pm$ 3.71e$+$01	7.941e$+$02$\pm$ 7.68e$+$01	8.776e$-$03$\pm$ 2.87e$-$03	=	7.877e$-$03$\pm$ 1.34e$-$04
f29	6.905e$+$10$\pm$ 1.37e$+$10	5.642e$+$08$\pm$ 4.99e$+$08	3.502e$+$02$\pm$ 3.90e$+$02	1.220e$+$02$\pm$ 2.81e$+$01	=	1.427e$+$02$\pm$ 8.52e$+$01
f30	1.296e$+$11$\pm$ 2.62e$+$10	7.065e$+$10$\pm$ 1.18e$+$10	9.701e$+$09$\pm$ 3.25e$+$09	4.928e$+$06$\pm$ 6.56e$+$05	$-$	1.450e$+$08$\pm$ 1.05e$+$07
f31	2.149e$+$04$\pm$ 2.50e$+$03	1.841e$+$04$\pm$ 1.28e$+$03	1.970e$+$04$\pm$ 1.29e$+$03	1.045e$+$04$\pm$ 2.94e$+$03	$-$	2.970e$+$04$\pm$ 2.37e$+$03

函数	rCGA	cDE	ISPO	cPSO	W	cCSO
f32	$1.590e+03\pm$ $1.26e+03$	$1.061e-05\pm$ $9.77e-06$	$2.685e-30\pm$ $4.74e-31$	$1.531e-02\pm$ $3.80e-03$	$=$	$3.437e-02\pm$ $3.30e-03$
f33	$1.257e+02\pm$ $6.45e+00$	$8.949e+01\pm$ $6.17e+00$	$1.772e+02\pm$ $5.90e+00$	$7.370e+01\pm$ $3.32e+00$	$+$	$-1.00e+02\pm$ $0.00e+00$
f34	$5.332e+10\pm$ $3.50e+10$	$8.040e+09\pm$ $4.89e+09$	$2.475e+02\pm$ $2.12e+03$	$4.896e+05\pm$ $2.21e+05$	$+$	$2.262e+02\pm$ $7.94e+01$
f35	$9.383e+02\pm$ $1.79e+02$	$5.577e+02\pm$ $8.52e+01$	$1.611e+03\pm$ $2.52e+02$	$6.701e+02\pm$ $6.36e+01$	$+$	$2.437e+02\pm$ $2.37e+01$
f36	$7.461e+02\pm$ $2.33e+02$	$2.421e+02\pm$ $8.71e+01$	$-1.272e+02\pm$ $3.76e+00$	$-1.082e+02\pm$ $4.21e+0$	$-$	$9.163e-05\pm$ $4.21e+00$
f37	$5.507e+02\pm$ $1.82e-01$	$5.479e+02\pm$ $9.64e-01$	$5.499e+02\pm$ $4.63e-02$	$5.492e+02\pm$ $2.50e-01$	$+$	$2.154e-01\pm$ $5.88e-02$
f38	$-1.200e+03\pm$ $4.76e+01$	$-1.406e+03\pm$ $3.22e+1$	$-1.266e+03\pm$ $5.16e+01$	$-1.284e+03\pm$ $3.90e+1$	$=$	$-1.29e+03\pm$ $2.28e+01$
f39	$6.156e+04\pm$ $1.53e+04$	$4.987e-27\pm$ $4.21e-27$	$1.444e-30\pm$ $5.57e-31$	$4.314e-03\pm$ $1.24e-03$	$+$	$4.112e-04\pm$ $5.18e-05$
f40	$7.517e+04\pm$ $1.07e+04$	$3.315e+04\pm$ $8.11e+03$	$5.664e+02\pm$ $2.18e+02$	$4.375e+00\pm$ $9.83e-01$	$=$	$4.813e+00\pm$ $4.84e-01$
f41	$1.043e+10\pm$ $4.33e+09$	$1.097e+03\pm$ $1.85e+03$	$2.574e+02\pm$ $3.10e+02$	$8.941e+01\pm$ $5.26e+01$	$-$	$1.723e+02\pm$ $8.83e+01$
f42	$1.948e+01\pm$ $2.58e-01$	$8.004e+00\pm$ $4.30e+00$	$1.948e+01\pm$ $1.49e-01$	$1.277e+00\pm$ $3.68e-01$	$+$	$2.075e-01\pm$ $5.45e-02$
f43	$2.979e-01\pm$ $3.72e-01$	$1.353-01+04\pm$ $2.30e-1$	$6.858e+00\pm$ $1.05e+01$	$1.084e+00\pm$ $3.16e-01$	$+$	$9.176e-01\pm$ $1.78e-02$
f44	$4.706e-03\pm$ $7.39e-03$	$0.000e+00\pm$ $0.00e+00$	$0.000e+00\pm$ $0.00+00$	$0.000e+00\pm$ $0.00e+00$	$=$	$0.000e+00\pm$ $0.00e+00$
f45	$4.257e+04\pm$ $4.14e+04$	$2.533e+04\pm$ $6.29e+03$	$4.065e+03\pm$ $9.65e+02$	$5.051e+01\pm$ $4.27e+01$	$-$	$4.562e+02\pm$ $3.29e+01$
f46	$2.369e+04\pm$ $3.44e+03$	$2.00e+04\pm$ $3.03e+03$	$3.775e+04\pm$ $6.48e+03$	$2.320+04\pm$ $3.38e+03$	$+$	$2.555e+03\pm$ $1.73e+02$
f47	$2.086e+06\pm$ $7.96e+05$	$4.587e+05\pm$ $1.68e+05$	$1.588e+04\pm$ $1.73e+04$	$1.395e+06\pm$ $1.14e+06$	$-$	$4.429e+06\pm$ $1.25e+05$

3.3.3　cCSO 与基于种群的优化算法收敛结果比较

本次比较的对象包括 DE（差分进化算法）、PSO（粒子群算法）、CSO（猫群算法）、本书提出的简洁式猫群算法，除 cCSO 外，其他算法都是基于种群的智能计算优化算法的典型代表，在不同的领域中都表现出非常不错的性能。表 3-4 展示了四种比较算法在 47 测试函数上的展示的不同实验结果。一般说来，在一定规模的限制下，群智能优化算法的种群规模越大，找到最优解的可能性越大。但部分实验结果有些出乎意料，即使面对的是基于大量种群的相关优化算法，简洁式猫群仍然在 14 个测试函数中完全胜出。不仅如此，综合表 3-3 和表 3-4 的信息，DE 和 cPSO 也能在一些标准函数的测试中能与其相应基于种群的算法抗衡，甚至在某些函数上有着更好的性能，在只有一个粒子、一只猫、一个基因的情况下，各自仍然取得了不错的成绩。表 3-3 和表 3-4 中的实验数据在一定程度上说明，简洁式智能优化算法因为扰动向量的有效搜索指导，为后续的搜索提供了良好的基础，使后续的搜索方向更加明确，搜索更加有效，从而使得相应的简洁式优化算法有了更快的收敛速度和更好的收敛效果。

表 3-4　基于种群的优化算法与 cCSO 算法性能比较

函数	DE	W	PSO	W	CSO	W	cCSO
f1	$8.268e+01\pm$ $1.90+01e$		$1.094e+04\pm$ $2.30e+03$	$-$	$0.000e+00\pm$ $0.00+00$	$-$	$9.398e-02\pm$ $1.13e-02$
f2	$3.062e+04\pm$ $3.70e+03$		$4.231e+04\pm$ $1.84e+03$	$+$	$0.000e+00\pm$ $0.00+00$	$-$	$9.117e+02\pm$ $8.57e+02$
f3	$2.714e+00\pm$ $1.11e+06$		$1.102e+09\pm$ $5.07e+08$	$+$	$2.890e+01\pm$ $1.394e-02$		$4.855e+01\pm$ $3.81e+00$
f4	$4.071e+01\pm$ $1.98e-01$		$1.638e+01\pm$ $1.21e+00$	$+$	$0.000e+00\pm$ $0.00+00$		$2.897e-01\pm$ $2.03.e-01$
f5	$7.194e+01\pm$ $9.72e+00$		$0.000e+00\pm$ $0.000e+00$	$-$	$0.000e+00\pm$ $0.00+00$		$7.461e-04\pm$ $1.93e-05$
f6	$2.150e+02\pm$ $9.09e+00$		$2.886e+02\pm$ $3.27e+01$	$+$	$0.000e+00\pm$ $0.00+00$		$5.4e-07\pm$ $7.94e+00$
f7	$2.407e+05\pm$ $4.95e+04$		$1.320e+05\pm$ $1.02e+04$	$+$	$2.990e+02\pm$ $0.000e+00$	$=$	$2.990e+02\pm$ $5.10e-07e$

函数	DE	W	PSO	W	CSO	W	cCSO
f8	6.329e+03± 2.35e+02		6.676e+03± 6.43e+02	−	3.160e+03± 9.75e+02	−	7.760e+03± 5.57e+02
f9	1.632e+04± 1.12e+03		1.304e+04± 3.16e+03	+	1.344e+04± 1.74e+03	+	1.028e+04± 1.73e+03
f10	8.507e+05± 9.23e+04		9.715e+05± 1.56e+05	−	3.221e+06± 1.69e+05	+	8.855e+05± 6.48e+04
f11	4.216e+00± 1.57e−01		1.706e+01± 1.72e+00	+	−1.83e−06± 0.00e+00	−	9.490e−05± 2.57e−06
f12	6.535e+01± 1.01e+01		1.138e+01± 3.07e+01	+	9.567e−08± 2.69e−08	=	4.340e−08± 3.74e−09
f13	2.585e+02± 1.11e+01		3.154e+02± 2.18e+01	+	2.700e+02± 0.00e+00	=	2.70e+02± 0.00e+00
f14	4.002e+01± 1.07e+00		3.965e+01± 1.17e+00	−	7.049e+02± 2.20e+00	=	7.093+02± 2.39e−01
f15	7.441e−02± 1.88e−05		4.081e+00± 2.22e+00	+	0.000e+00± 0.00+00	−	1.287e.−01± 2.13e−02
f16	−9.941e−08± 1.07e−01		−1.000e+02± 0.00e+00	=	−1.000e+02± 8.45e−05	=	−1.000e+02± 0.00e+00
f17	9.423e−08± 5.15e−08		1.045e+01± 5.09e+00	−	1.630e+00± 5.83e−01	−	2.143e+00± 4.27e−01
f18	−1.150e+00± 3.36e−07		3.501e+03± 9.84e+03	+	5453e−01± 3.26e−01	+	−3.643e−01± 2.89e−01
f19	4.702e+02± 1.43e+01		6.106e+02± 3.42e+01	+	4.500e+02± 0.00e+00	=	4.500e+02± 1.76e−03
f20	−1.277e+01± 4.27e−01		−1.935e+01± 1.71e+00	+	−1.102e+01± 1.07e+00	+	−5.862e+01± 4.19e−01
f21	1.269e+04± 3.61e+02		9.690e+03± 1.13e+03	−	4.784e+03± 1.49e+02	−	1.309e+04± 1.09e+03
f22	1.829e+01± 4.23e+01		2.003e+01± 3.74e−01	+	0.000e+00± 0.00+00		2.617e−01± 1.33e−01
f23	1.610e+02± 6.38e+00		1.814e+01± 1.00e+01	+	4.657e−02± 2.39e−02	−	9.012e−02± 5.17e−03

续表

函数	DE	W	PSO	W	CSO	W	cCSO
f24	2.387e+04± 3.49e+03		6.500e+04± 9.69e+03	+	0.000e+00± 0.00+00	−	4.338e−01± 5.70e−02
f25	−1.118e−02± 1.28e−03		−7.492e−03± 1.05e−03	−	0.000e+00± 0.00+00	=	0.000e+00± 0.00e+00
f26	−1.588e+01± 5.25e−01		−2.676+01± 2.00e+00	−	−1.977e+01± 1.42e+00	=	−2.780e+01± 1.42e+00
f27	8.898e+04± 8.78e+03		1.924e+05± 1.92e+04	+	0.000e+00± 0.00+00	−	6.411e−02± 4.04e−03
f28	1.176e+03± 2.53e+01		1.278e+03± 4.44e+01	+	0.000e+00± 0.00+00		7.877e−03± 1.34e−04
f29	2.635e+10± 5.08e+09		3.853e+10± 1.41e+10	+	9.898e+01± 1.84e+00	−	1.427e+02± 8.52e+01
f30	1.476e+11± 1.26e+10		1.016e+11± 1.95e+10	+	0.000e+00± 8.35+00	−	1.450e+08± 1.05e+07
f31	3.025e+04± 4.78e+02		2.369e+04± 1.88e+03	−	1.045e+04± 2.94e+03	−	2.970e+04± 2.37e+03
f32	2.093e+05± 1.63e+04		1.139e+04± 1.67e+03	+	1.531e−02± 3.80e−03	−	3.437e−02± 3.30e−03
f33	1.185e+02± 2.83e+00		1.406e+02± 1.29e+01	+	7.370e+03± 3.32e+00	+	−1.00e+02± 0.00e+00
f34	8.196e+10± 1.11e+10		7.764e+10± 2.16e+10	+	9.897e+02± 2.24e−02	+	2.262e+02± 7.94e+01
f35	1.399e+03± 4.24e+01		1.054e+03± 1.47e+02	+	0.000e+00± 0.00+00	−	2.437e+02± 2.37e+01
f36	1.566e+03± 1.33e+02		1.241e+03± 2.44e+02	+	1.082e+02± 4.21e+00	+	9.163e−05± 4.21e+00
f37	5.506e+02± 1.24e−01		5.507e+02± 1.70e−01	+	5.492e+02± 2.50e+−01	+	2.154e−01± 5.88e−02
f38	−1.055e+03± 1.08e+01		−1.282e+03± 2.17e+02	−	−1.284e+03± 3.90e+01		−1.29e+03± 2.28e+01
f39	8.337e+03± 1.11e+03		1.200e+03± 2.17e+02	+	0.000e+00± 0.00+00	−	4.112e−04± 5.18e−05

函数	DE	W	PSO	W	CSO	W	cCSO
f40	8.968e+04± 7.74e+03		1.700e+04± 3.07e+03	+	0.000e+00± 0.00+00	−	4.813e+00± 4.84e−01
f41	2.141e+09± 5.70e+08		1.783e+07± 5.51e+06	+	4.897e+01± 1.37e−02	−	1.723e+02± 8.83e+01
f42	1.363e+01± 4.45e−01		6.877e+00± 4.72e−01	+	0.000e+00± 0.00+00	−	2.075e−01± 5.45e−02
f43	3.710e−02± 3.26e+01		2.554e−02± 4.97e+01		0.000e+00± 0.00+00		9.176e−01± 1.78e−02
f44	4.683e+02± 1.34e+01		0.000e+00± 0.00e+00	=	0.000e+00± 0.00+00	=	0.000e+00± 0.00e+00
f45	2.538e+06± 2.08e+05		1.133e+06± 2.16e+03	+	0.000e+00± 0.00+00	−	4.562e+02± 3.29e+01
f46	3.151e+04± 1.19e+03		1.887e+04± 2.16+03	+	0.000e+00± 0.00+00	−	2.555e+03± 1.73e+02
f47	4.674e+06± 2.18e+05		2.182+06± 4.00e+05	−	1.693e+07± 4.32e+06	+	4.429e+06± 1.25e+05

3.3.4 基于迭代次数的收敛结果比较

一般来说,不同的迭代次数算法会产生不同的收敛结果。本次实验选取函数 f1 作为代表,展示了简洁式群智能计算优化算法在迭代次数与收敛结果之间的关系,如表 3-5 所示。

从表 3-5 可以看出,CSO 有着非常快的收敛效果,其他算法都无法比较。但 cCSO 能胜过其他比较算法。

表 3-5　cCSO 与基于总群的进化算法在相同收敛结果条件下的算法性能比较

	PSO	CSO	cPSO	cCSO
Iteration 100	8 202.631 6	0.000 000	55.695	42.768
Iteration 200	3 754.948 2	0.000 000	19.852	18.570
Iteration 1 000	1 417.468 9	0.000 000	0.616 48	0.441 66
Iteration 2 000	1 414.286 6	0.000 000	0.368 93	0.204 22

3.3.5　实验结果分析

本次实验采用的 47 个测试函数,完全基于 IEEE 计算智能世界大会(CEC)大数据优化专题使用的测试函数。在 10,30,50,100 等四种不同维度下使用上述算法进行了测试和比较。实验结果表明,简洁式猫群算法具有非常不错的性能。尤其是在 30 个维度的问题下寻优能力较强。和当前性能最好的简洁式粒子群算法比较,简洁式猫群算法几乎完胜。从算法的搜索机制上来看,简洁式猫群算法因为两个搜索逻辑的结合,特别是搜寻模式下差分算子的引入,改变了原猫群算法的搜索寻优时探索相对局限性,而跟踪模式下的更新规则类似粒子群算法,所以改进后,两种搜索模式结合的简洁式猫群算法超过粒子群类算法完全就有了可能。再者,因为搜寻模式下的差分算子继承了差分进化算法的精华,所以,简洁式猫群算法接近或者超过差分进化算法类算法完全是合理的。

3.4　案例分析

图像切割的主要目的是将图像中的各类目标与背景分离,切割的效果要根据需要解决的问题的具体要求而定。图像切割主要利用原始图像中灰阶值强度的不连续性及相似性这两种性质为基础来进行。图像切割是非常重要的图像处理方法之一。而阈值法是一种简单而又有效的切割方法。一般情况下,切割的效果依赖于阈值的选择。采用阈值法的图像切割方法很多,如 Ostu 法、基于熵值分类法、最小误差法等。

在所有的阈值类方法中,Sezgin 等(2008)已经证明 Ostu 法有着很好的切割效果。但因为其很高的计算成本而令许多使用者望而止步。许多研究者尝试利用优化计算方法来降低其计算成本,从某种程度上说,也达到了一定的效果。但他们所提出的算法都是结合基于种群的优化算法,需要比较大的运行空间才能保证算法的运行。而在实际的应用中,大多数灰度图像切割设备都是硬件结构相对简单的嵌入式设备,不具备很强的计算能力和足够的程序运行空间,这要求优化方法具有良好的性能又对硬件不能有过高的要求,而简洁式猫群算法刚好符合这种要求。根据 3.3 节实验结果,简洁式猫群算法比较适合解决多维度的优化问题。基于此,本节采用简洁式猫群算法结合阈值方法原理来对 MRI 灰度图像进行切割。实验结果表明,本节提出的方法不但有很好的切割效果,算法的计算成本也大大降低。

3.4.1 多阈值法与适应度函数设计

在 Ostu 方法中,假设所有的灰阶值在区间$[1,L]$,p_i是图像 $I(m,n)$灰阶值i出现的概率。当图像 $I(m,n)$的阈值为t时,目标对象的像素在整张图像中所占的比例w可以表示为

$$w = \sum_{i=t+1}^{L} p_i \qquad (3\text{-}15)$$

而整个背景像素在整张图像中所占的比例可以表示为

$$1 - w = \sum_{i=1}^{t} p_i \qquad (3\text{-}16)$$

背景像素的平均值u_b、目标对象的像素的平均值u_o可以表示为

$$\mu_b = \frac{\sum\limits_{i=1}^{t} i p_i}{\sum\limits_{i=1}^{t} p_i} \qquad (3\text{-}17)$$

$$\mu_o = \frac{\sum\limits_{i=t+1}^{L} i p_i}{\sum\limits_{i=t+1}^{L} p_i} = \frac{\sum\limits_{i=1}^{L} i p_i - \sum\limits_{i=1}^{t} i p_1}{w} \qquad (3\text{-}18)$$

以u代表整张图像的像素平均值,并定义如下:

$$\mu(t) = \sum_{i=1}^{t} i p_i \qquad (3\text{-}19)$$

根据式(3-19),u_b 和 u_o 可改写为

$$\mu_b = \frac{\mu(t)}{1 - w} \qquad (3\text{-}20)$$

$$\mu_o = \frac{\mu - \mu(t)}{w} \qquad (3\text{-}21)$$

综合上述则可定义目标对象的标准差 σ_o^2 和背景的标准差 σ_b^2:

$$\sigma_b^2 = \frac{\sum\limits_{i=1}^{t} (i - \mu_b)^2 p_i}{\sum\limits_{i=1}^{t} p_i} = \sum_{i=1}^{t} \frac{(i - \mu_b)^2 p_i}{1 - w} \qquad (3\text{-}22)$$

$$\sigma_o^2 = \frac{\sum\limits_{i=t+1}^{L} (i - \mu_o)^2 p_i}{\sum\limits_{i=t+1}^{L} p_i} = \frac{\sum\limits_{i=t+1}^{L} (i - \mu_o)^2 p_i}{w} \qquad (3\text{-}23)$$

假设 σ^2 为整张图像像素的标准差,则 σ^2 可以表示为

$$\sigma^2 = \sum_{i=1}^{t} (i-\mu)^2 p_i \tag{3-24}$$

结合式(3-15)～式(3-24),σ^2 可以重新改写为

$$\sigma^2 = (1-w)\sigma_b^2 + w\sigma_o^2 + (\mu_b-\mu)^2(1-w) + w(\mu_o-\mu)^2 \tag{3-25}$$

式中:$(1-w)\sigma_b^2 + w\sigma_o^2$ 为组内像素标准差 σ_W^2;$(\mu_b-\mu)^2(1-w) + w(\mu_o-\mu)^2$ 为组间像素标准差 σ_B^2。

其中最理想的阈值是使得组内像素标准差最小,而组间像素标准差最大。由于组内像素标准差加上组间像素标准差为确定常数,即整张图像像素的标准差。通过式(3-20)和式(3-21),背景像素的标准差

$$\begin{aligned}
\sigma_B^2 &= (\mu_b-\mu)^2(1-w) + w(\mu_o-\mu)^2 \\
&= \left(\frac{\mu(t)}{1-w}-\mu\right)^2(1-w) + \left(\frac{\mu-\mu(t)}{w}-\mu\right)^2 w \\
&= \frac{(\mu(t)-\mu+w\mu)^2}{1-w} + \frac{(\mu-\mu(t)-w\mu)^2}{w} \\
&= \frac{[(1-w)\mu-\mu(t)]^2}{w(1-w)}
\end{aligned} \tag{3-26}$$

将灰阶值 $1 \sim L$ ——代入式(3-26),则可以得到最佳的阈值 t^*:

$$\sigma_B^2(t^*) = \max_{1 \leqslant i \leqslant L} \sigma_B^2(i) \tag{3-27}$$

类似地,式(3-27)可以推广到图像的多阈值表达。

假设原始图像 I 有 $(n-1)$ 个阈值,这些阈值将图像分成 n 个区间,每两个相邻的区间 T_k 被看作特定的 1 个阈值问题。因此,$(n-1)$ 个阈值优化问题可以表示为

$$\{t_1^*, t_2^*, t_3^*, \cdots, t_{n-1}^*\} = \underset{1 \leqslant i \leqslant L}{\text{Arg max}} \sigma_B^2(t_1, t_2, \cdots, t_{n+1}) \tag{3-28}$$

式中:$\sigma_B^2 = \sum_{k=1}^{n} w_k * (u_k-u)$;$w_k = \sum_{i \in T_k} p_i$;$u_k = \sum_{i \in T_k} i * p_i$。

上述问题的优化可以这样描述:假设有变量 $X(x_1, x_2, \cdots, x_n)$,其中变量的每一维对应图像的一个阈值,利用一个 n 维变量把图像切割为 $(n+1)$ 部分。把式(3-28)作为简洁式猫群算法的适应度函数,通过简洁式猫群算法运行得到的适应度函数最好的变量值就是问题所需要的一组最佳阈值。

3.4.2　图像切割效果

在本节中,将 Wu 等(2005)的方法、MATLAB 语言内置的灰度阈值函数 Graythresh、本书提出的方法和采用 cDE 算法优化的切割方法一起进行比较。本

次实验将分为 3 组进行,第 1 组是真实图像切割效果展示;第 2 组是脑部灰度图像的多阈值切割实验;第 3 组比较人工合成图像切割的精确率与切割时间。因为 Graythresh 函数无法同时取得多重阈值,所以 Graythresh 的实际操作方法是分多次分别提取;李哲学等(2010)已经证明 Wu 等的方法的切割速度是非常不错的。

1. 真实图像切割效果

如图 3-9(a)所示,图像来自拍摄于真实环境,在一个平台有两个目标对象,其灰阶图如 3-9(b)所示。图 3-9 的直方图如 3-10 所示。目标物体的灰阶平均值为 195,标准差为 20。背景像素的平均值为 100,标准差为 20。目标物体和图像的比例为 1∶4。

(a) (b)

图 3-9 真实图像与其灰阶图

采用本书方法切割后的效果如图 3-11 所示,算法所耗费的时间如表 3-6 所示。从图 3-11 来看基于简洁式猫群算法的阈值法取得非常不错的效果,切割后的灰度图像和真实对象非常接近;此外,因为图像目标相对简单,四种算法分类效果基本一致,错误率也非常接近。本书提出的方法的计算成本已经远远优于 Graythresh 函数,比 Wu 等(2005)的方法和 cDE 方法也有一定优势。

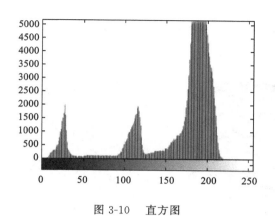

图 3-10　直方图

图 3-11　切割后效果图

表 3-6　真实图像切割计算时间比较

算法	阈值	计算时间
Graythresh function	146	0.130
Wu	146	0.085
cDE	146	0.018
本书方法	146	0.015

2. 脑部灰阶图多阈值切割效果

本书采用的原始脑部磁共振灰阶图像如图 3-12 所示,其直方图如 3-13 所示。

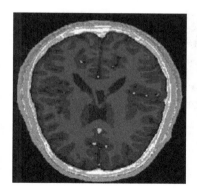

图 3-12　磁共振图像原始图

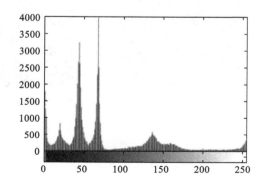

图 3-13　磁共振图像测试图片直方图

图 3-14 分别是原始图像(图 3-12)通过医学鉴定后得到的真实切割图像。采用本书提出的切割方法和其他三种比较算法对图 3-14 三类图像进行切割后的实验结果如图 3-15～图 3-18 所示。

  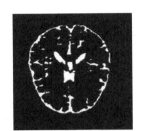

（a）灰质真实影像　　　　　（b）白质真实图像　　　　　（c）脑脊髓真实图像

图 3-14　　磁共振真实图像

  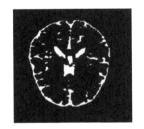

（a）本书方法切割的灰质图　　（b）本书方法切割白质图　　（c）本书方法切割的脑脊髓像

图 3-15　　本书方法切割效果图

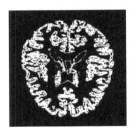  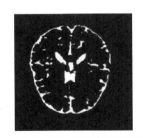

（a）Wu方法切割的灰质图　　（b）Wu方法切割白质图　　（c）Wu方法切割的脑脊髓像

图 3-16　　Wu 方法切割效果图

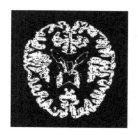
（a）cDE切割的灰质图

（b）cDE切割白质图

（c）cDE切割的脑脊髓像

图 3-17　cDE 方法切割效果图

（a）Graythresh切割的灰质图

（b）Graythresh切割白质图

（c）Graythresh切割的脑脊髓像

图 3-18　Graythresh 方法切割效果图

　　从展示的直观效果来看,四种方法所取得的效果都非常不错,差别不大,其切割后的图像都满足医学影像诊断的需求,且都能正确反映图像本身的实质所在。但本书提出的算法的真正使用环境是嵌入式环境,在软硬件环境都受到限制的条件下,本书提出的算法的优势会更加明显。

3. 切割时间与精度比较

　　基于磁共振图像的实验比较,采用四种算法后的切割效果非常接近,都能用作医学影像判断,各自的切割时间如表 3-7 所示。从表 3-7 中计算时间可以看出,利用本书方法所产生的计算成本已经不再成为使用者需要考虑的问题。

表 3-7　MRI 图像切割计算时间比较

算法	阈值级	阈值	计算时间/s
Graythresh method	3	31,56,96	0.180
Wu	3	31,56,96	0.110
cDE	3	31,56,96	0.035
本书方法	3	31,56,96	0.032

为了更加全面地测试本书提出的算法的优越性,我们也从切割精度方面也进行了统计和比较。由于磁共振图像分布的不规则性,其边缘像素点统计不是非常方便,通过人工肉眼视觉检测效果时也存在主观偏差。为了客观评价四种比较算法的切割误差率,本次实验加入了人工合成图像来进行切割精度比较。人工合成图像如图 3-19 所示。其直方图如图 3-20 所示。

采用四种不同的算法来切割后的效果图如图 3-21～图 3-24 所示。观察各自的图像切割效果,四种算法的差别不大,肉眼很难直接判断优劣。

图 3-19　带高斯噪声的人工合成图

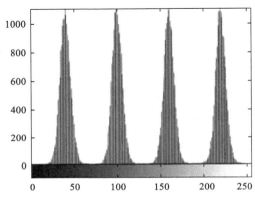

图 3-20　图 3-19 对应直方图

图 3-21　Greythresh 切割效果图

图 3-22　本书方法切割效果图

图 3-23　cDE 方法切割效果图　　　　　图 3-24　Wu 方法切割效果图

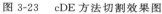

每一种算法的计算时间和经过统计后的切割误差率如表 3-8 所示。从表 3-8 可以看出,本书方法的切割精度不比 Wu 方法和 cDE 差,但计算时间更有优势。和 Ostu 方法相比较,本书算法节省计算成本的优势更大。

表 3-8　MRI 图像切割计算时间和错误率比较

算法	阈值	计算时间/s	错误点数	错误率/%
Graythresh method	74,130,185	0.790	201	0.001 0
Wu	74,130,185	0.260	188	0.000 8
cDE	74,130,185	0.081	194	0.000 9
本书方法	74,130,185	0.081	194	0.000 9

3.4.3　应用案例小结

本次案例分析比较了四种不同算法下的切割效果。实验比较结果表明,本书提出的方法不仅能够有效解决嵌入式设备中的优化问题,而且和在嵌入式设备环境中已经表现出高效性能的 cDE 算法相比较也展示出更好的成绩。

需要进一步说明的是,本书仅仅对磁共振类医学图像进行了切割比较。生活和工作中已有的大量文献研究证明,Otsu 方法对图像中目标对象和背景差异较大时,切割效果非常好。但两者比较接近时,会有一些偏差。如何分析并提前获得图像最佳阈值的必要条件,从而获取一般图像的最佳阈值;取得最佳阈值的必要条件,才能使得 Ostu 方法面对不同的图像都可以得到较好的切割效果。这是本案例研究后续的前进方向。与此同时,结合更适合的优化算法,使切割效果、抗噪性等方面有更好的提升。

第4章　基于 Γ 分布的简洁式猫群算法及其在音乐水印嵌入中的应用

　　智能计算的一个新发展趋势就是采用不同搜索逻辑相结合,取长补短协作完成最优解的发现。而简洁式智能优化算法也正是基于这点而产生的。在第3章提到过,简洁式智能优化算法因其良好的性能,不过分依赖于硬件等优点受到越来越多研究者的关注。除简洁式遗传算法、简洁式进化算法、简洁式粒子群算法外,Dao 等(2014)提出了简洁式蝙蝠算法,随后 Dao 等(2014)又提出了简洁式人工蜂群算法。这些简洁式算法都有一个共同点,那就是它们都采用相同的概率模型来指导算法后面的搜索。而这个概率模型就是生活和工作中常用的正态分布概率模型。众所周知的是,正态分布模型适合对大样本事情进行估计描述,而生活和工作中的小样本问题用正态分布模型来估计却不一定是最好的。世界上没有免费午餐的理论提醒我们,针对不同的问题,需要设计不同的方法来解决。因此,对于小样本问题,找到适合其分布规律的非正态概率模型来描述,比单纯使用正态分布模型为基础来设计简洁式优化算法,显得更有意义。

　　受 Mininno 等(2005)的启发,期望找到一个非正态分布的概率模型,随着其参数的改变,该概率模型的期望和方差也会发生变化,而期望和方差的更新能促使扰动向量产生更有效的个体。基于这种思路,综合考虑现有成熟的非正态分布模型,选取 Γ 概率模型来作为新的扰动向量(Mininno et al.,2008);(Neri et al.,2013)。

　　按照结合式搜索的指导思想,以 Γ 概率模型为扰动向量,后续的智能计算优化算法也必须有很好的搜索性能。Tsai 等(2008)的研究经验表明经过改进后,猫群算法有着更好的性能,第4章的实验结果也说明这一点。猫群算法因其内部的联合搜索机制而比同类的群智能算法更有优势。再次尝试选用猫群算法作为 Γ 的合作对象来实现新的优化算法的设计和实现。

　　以第3章所述的应用环境为基础,本书提出一种基于 Γ 分布概率模型的GDCCSO(简洁式猫群算法),以描述小样本问题的分布特性的 Γ 分布来作为扰动向量,为单一的正态分布扰动向量家族添加了新的成员,为小样本问题的描述,提供了一种新的思路;而因为 Γ 分布的特性,由其产生的解具有更高的精度;同时引入梯度下降法来改进猫群算法的搜寻模式,节省了大量的计算成本。实验结果表明,基于 Γ 概率模型的简洁式猫群算法比基于正态分布概率模型的简洁式猫群算法有着更好的性能；在 MP3 播放器中音频信号的水印嵌入的优化中更是表现出不俗的性能和不过分依赖硬件的特性。

4.1　基于 Γ 分布的扰动向量设计

基于虚拟种群的正态分布概率模型在第 3 章已经提到过，基于 Γ 分布的扰动向量继承原有扰动向量的数据结构，其表示形式和更新规则描述将在后面章节详细叙述。

4.1.1　扰动向量设计

在实数表示的连续空间里，扰动向量的实际数据结构为 $2 \times n$ 的矩阵，如式（3-4）所示。其中 u 和 δ 不再是正态分布模型的两个特定参数，而是相应概率分布模型的平均值（期望）与标准差（方差）。平均值（期望）和标均差（方差）的轻微改变能使概率分布曲线产生变化，从而影响其随机个体的产生。

为了不失一般性，基于概率扰动的简洁式优化算法要求所有的变量都必须归一化到区间 $[-1,1]$。显然，对于应定义域不完全落在 $[-1,1]$ 区间内的概率模型，其概率密度函数（PDF）对应的概率分布函数（CDF）值肯定小于 1，这样，整个解空间就不是封闭的，部分落在区间 $[-1,1]$ 外的解就可能会被强行剪掉了。Mininno 等（2005）的做法是引入高斯误差函数，使落在区间 $[-1,1]$ 外的解能够映射到区间 $[-1,1]$ 里面，尽量保证所有潜在的解不被遗漏。

一般情况下，Γ 分布（PDF）的表达式如式（4-1）所示，而其概率分布函数（CDF）如下：

$$f(x;k,\theta) = \frac{1}{\Gamma(k)\theta^k} x^{k-1} \mathrm{e}^{-x/\theta} \tag{4-1}$$

$$F(x;k,\theta) = \int_0^x f(u;k,\theta)\mathrm{d}u = \frac{1}{\Gamma(k)} \gamma\left(k, \frac{x}{\theta}\right) \tag{4-2}$$

式中：k,θ 为 Γ 分布的两个参数。

Γ 分布曲线如图 4-1 所示。它的下不完全分布定义为 $\gamma(s,x) = \int_0^x t^{s-1} \mathrm{e}^{-t}\mathrm{d}t$，而上不完全分布定义为 $\Gamma(s,x) = \int_x^\infty t^{s-1} \mathrm{e}^{-t}\mathrm{d}t$。因此，Γ 函数的定义可以表示为

$$\Gamma(s) = \Gamma(s,0) = \gamma(s,\infty) \tag{4-3}$$

因此，其期望和方差可以通过 $\gamma(s,x) = \int_0^x t^{s-1}\mathrm{e}^{-t}\mathrm{d}t$ 和 $\Gamma(s,x) = \int_x^\infty t^{s-1}\mathrm{e}^{-t}\mathrm{d}t$ 计算得到，分别是 $E[X] = k\theta$ 和 $\mathrm{Var}[X] = k\theta^2$。

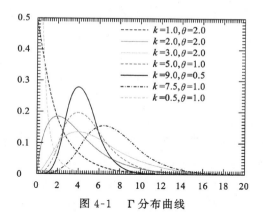

图 4-1　Γ 分布曲线

从图 4-1 所示的 Γ 分布曲线来看,几乎所有的曲线都落在区间[0,20]内,因此选择区间[0,20]为 Γ 函数的截尾区间,遗漏部分解的可能就极小了。为了和高斯概率密函的归一化操作统一起来,对[0,20]区间内的所有变量,再做一次映射到区间[−1,1]的计算。这样对于 $x \in [−1,1]$,映射到区间[0,20],则有 $y = 10(x+1)$,其对应的概率密度函数可以表示为

$$
\begin{aligned}
f[10(x+1);k,\theta] &= \frac{10^{k-1}}{\Gamma(k)\theta^k}(x+1)^{k-1}\mathrm{e}^{-10(x+1)/\theta} \\
&= \frac{1}{10\Gamma(k)\left(\frac{\theta}{10}\right)^k}(x+1)^{k-1}\mathrm{e}^{-(x+1)/\left(\frac{\theta}{10}\right)} \\
&= \frac{1}{10\Gamma(k)t^k}(x+1)^{k-1}\mathrm{e}^{-(x+1)/t} \\
&= \frac{1}{10}f(x+1;k,t)
\end{aligned}
\tag{4-4}
$$

其对应的概率分布函数则可以表示为

$$
F[10(x+1);k,\theta] = \frac{1}{\Gamma(k)}\gamma\left(k,\frac{10(x+1)}{\theta}\right) = \frac{1}{\Gamma(k)}\gamma\left(k,\frac{x+1}{t}\right)
\tag{4-5}
$$

根据式(4-4)和式(4-5),可以设计基于 Γ 分布的截尾概率模型:

$$
\begin{aligned}
\mathrm{PDF(truncated)} &= \frac{1}{10}\frac{f(x+1;k,\theta)}{\frac{1}{\Gamma(k)}\gamma\left(k,\frac{2}{\theta}\right)} \\
&= \frac{1}{10\gamma\left(k,\frac{2}{\theta}\right)\theta^k}(x+1)^{k-1}\mathrm{e}^{-(x+1)/t}
\end{aligned}
\tag{4-6}
$$

其对应的分布函数

$$CDF(truncated) = \frac{\dfrac{1}{\Gamma(k)}\gamma\left(k,\dfrac{x+1}{\theta}\right)}{\dfrac{1}{\Gamma(k)}\gamma\left(k,\dfrac{2}{\theta}\right)} \tag{4-7}$$

$$= \frac{\gamma\left(k,\dfrac{x+1}{\theta}\right)}{\gamma\left(k,\dfrac{2}{\theta}\right)}$$

根据式(4-6)和式(4-7)，Γ 分布模型下的平均值和标准差改写为 $\mu=\dfrac{k\theta}{10}$ 和 $\sigma=\dfrac{k\theta^2}{100}$。这个转换过程可以这样理解：解空间的变量 x 归一化到区间 $[-1,1]$，区间 $[-1,1]$ 内的变量再次映射到区间 $[0,20]$。其截尾概率模型可以表示为式(4-6)，因为 Γ 函数的分布的特殊原因，省去了误差函数，使得 Γ 分布扰动向量产生个体的计算过程更为简单；再者 Γ 分布曲线在区间 $[0,20]$ 的特点，使得扰动向量产生的个体因为没有误差函数的介入而更加精确。

4.1.2 扰动向量的更新规则

4.1.1 小节设计 Γ 分布的截尾区间为 $[0,20]$，而归一化操作把所有的变量映射到区间 $[-1,1]$ 后，再次把变量映射在截尾区间 $[0,20]$ 内。而基于区间 $[-1,1]$ 内的变量 x，映射到区间 $[0,20]$ 后，其 Γ 分布的平均值 $\mu=k\theta/10$，而标准差 $\sigma=k\theta^2/100$。反过来说，如果先有 μ 和 σ，通过 $\mu=k\theta/10$ 和 $\sigma=k\theta^2/100$ 一样可以计算得到 k 和 θ。这样，新的扰动向量的更新规则可以继续沿袭原有基于正态分布概率模型的更新规则，如式(3-10)和式(3-11)所示。这样基于 Γ 分布模型的扰动向量的更新过程可以描述如下。

根据式(3-10)和式(3-11)更新后的 μ 和 σ，用来计算新的 k 和 θ，k 和 θ 再来影响概率分布曲线的变动，从而影响新的个体的产生。

式(3-10)和式(3-11)的更新规则中，有两个重要的向量 winner 和 loser，其差值(winner-loser)的大小仍然控制 μ 的增值，其向量合成后的新向量控制 μ 的移动方向，通过改变 μ 和 σ 来扰动概率向量，从而产生新的更有效的个体。

4.1.3 虚拟种群的取样机制

基于 Γ 分布模型的取样规则可以这样描述。

随机产生一个 $[0,1]$ 的随机数 r，令 $r=CDF(x_i)$，其中 CDF 如式 4-7 所示。通过求 CDF 函数的反函数，求得其对应 x_i。如图 4-2 所示。

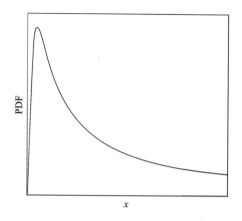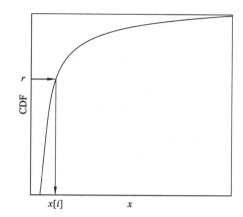

图 4-2　基于 Γ 分布的简洁式算法实数值取样机制

需要说明的是,本节提出的 Γ 概率卷积分布函数(CDF)反函数求解 x_i 的方法不同于正态分布模型下利用切比雪夫多项式近似计算方法,本书方法是通过 MATLAB 内置的指令直接计算得到。Mininno 等(2008)采用切比雪夫多项式近似计算方法的精度受多项式的表达项数的影响,相对精度会比本书设计的扰动向量精度低一些。其次,由于切比雪夫多项式的计算需要执行多条指令,而基于 Γ 分布模型的个体产生仅需执行一条程序设计语言的内置指令,这样产生个体的时间会减少很多。所以,本书方法产生个体的计算成本会有很大程度的降低,比 Mininno 等(2011)的方法更适合解决对解的精度要求较高的优化问题。

4.2　基于 Γ 分布的简洁式猫群算法

以 Γ 分布作为概率模型的扰动向量,同时以第 3 章所设计的简洁式猫群算法为基础,加入新的设计思想,本书提出了一种基于 Γ 分布模型的简洁式猫群算法。整个算法过程仍然只采用一只猫来迭代更新,具体细节如随后章节内容所述。

4.2.1　算法的初始化

基于 Γ 分布的简洁式猫群算法的初始化和第 3 章提到的简洁式猫群算法基本一样,首先是参数设置,涉及虚拟种群的数目、分组率、猫的位置和速度更新所涉及的惯性权重、学习因子等,还有算法的最大迭代次数等。其次是扰动变量和猫群的初始化。扰动向量的初始化令 $\mu_i = 0, \sigma_i = \lambda(\lambda = 10)$；随机产生猫的位置，且并把它设为初始全局最优值。

4.2.2 搜寻模式的更新规则

1. 差分更新规则

第 3 章设计的简洁式猫群算法改进了原有猫群算法的搜寻模式的更新规则，由式(3-1)变更为式(3-11)。搜索的方向从 x 的简单的尺度放大缩小改进为以 x 为中心，全方位对 x 周围的值进行探索，大大增加了简洁式猫群算法的搜索能力。通常情况下，传统猫群算法搜寻模式与跟踪模式的比例为 0.98∶0.02，在只有一只猫的条件下，为了平衡搜寻模式和跟踪模式的比例，第 3 章设计的简洁式猫群算法的解决方法是增加搜寻模式下记忆池的容量，由原来的 5 次变化为 245 次，也取得了比较好的效果。但这种简单增加记忆池大小的方法带来了一个新问题，记忆池中每一个个体更新需要参考向量(winner-loser)，而(winner-loser)则以产生新的个体前提。新个体的产生是一个复杂的计算过程，根据概率产生数据的原理和对 Mininno 等(2008)提供的源代码的逐步分析，可以得知，新个体的产生是算法搜寻模式计算成本的主体，这样搜寻模式的执行时间会很长，整个算法的计算成本会大大增加。与此同时，搜寻模式下不是所有的更新都是有效的。当依靠猫自身的更新已经无法找到最优解时，应提前结束这种无效搜索。为了解决这个问题，本书引入梯度下降法来在适当的时机结束搜寻模式，节省运行时间并提高搜索效率。

2. 梯度下降法

如上所述，搜寻模式下更新规则因执行次数太多而造成算法的计算成本太高。搜寻模式下更新规则的主体是 $x = x + F \cdot (winner\text{-}loser)$，其中 winner 和 loser 中有一个是新产生的个体。也就说更新规则每执行一次，必须先产生一个新个体，而个体的产生是比较耗费时间，特别是按照传统简洁式算法采用的切比雪夫多项式近似计算法来做，算法的整体计算成本会很高，即使找到能够接受的最优解，其时间成本也不一定能满足有限的工程时间的要求。这要求算法设计必须考虑如何减少更新规则的执行，适当的时候能提前结束当前的搜寻模式下新个体的产生，减少整个算法运行的时间。基于这种要求，本节提出一种梯度下降法(Gerzon et al.,1995)来解决上述问题。

梯度下降法在很多领域又称为称最速下降法(Barzilai et al.,1988)。梯度是函数在某点增长或者减少的最值，其方向表现为下降或上升最快的方向。如图 4-3 所示，点 x 的梯度为 ∇F。

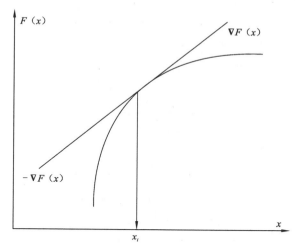

图 4-3　梯度下降法示意图

考虑待解决问题是多维度的,则其梯度可以定义为

$$\nabla f=\left[\frac{\partial f}{\partial x_1},\frac{\partial f}{\partial x_2},\cdots,\frac{\partial f}{\partial x_n}\right] \tag{4-8}$$

则其最值可以通过下式得到:

$$x(t+1)=x(t)+\nabla f\cdot d \tag{4-9}$$

式中:d 为梯度增长的步长,在本节中设为停止自我更新前的 $F\cdot$(winner-loser)。

当 $\max(f(x_i+\nabla f\cdot d))$ 的值已经获得时,即可结束本次迭代。

搜寻模式下,猫首先根据第 3 章中式(3-11)来更新自己的位置,然后选择调整后更好的位置来更新自己位置,当猫的自我更新已经不能找到更好的解时,开始考虑引入梯度下降法来寻找局部最优解,梯度下降法结束后直接结束本次搜寻模式的余下循环。梯度下降法介入搜寻模式的时机需要根据收敛率(CR)来判断,收敛率的定义为

$$CR=\frac{|f(t+2)-f(t+3)|}{|f(t)-f(t+1)|} \tag{4-10}$$

式中:$f(t)$ 为个体第 t 代的适应度。

当 CR<1,梯度下降法开始介入搜寻模式,而此时猫的位置 x 和适应度函数 $f(x)$ 就是梯度下降法的初始参数,以 x 为起点,求解 x 的梯度(负梯度)方向,找到 x 附近的最优值。

整个梯度下降法过程如图 4-4 所示。

图 4-4　梯度下降法示意图

4.2.3　跟踪模式的更新规则

当猫处于跟踪模式时,其更新规则与第 3 章所提出的简洁式猫群算法无异。采用全局最佳的位置作为参考来更新猫自身的位置,新产生的个体与更新后的猫的位置来决定变量 winner 和 loser,从而用来更新平均值和标准差,通过平均值和标准差来影响 Γ 模型的 k 和 θ。具体细节如 3.2.3 小节所述。

4.2.4　算法流程

基于 Γ 分布的简洁式猫群算法的实现过程可以这样简单描述:首先设置算法所需的参数,初始化猫群和扰动向量,通过扰动向量产生一个个体,默认为个体最优值,选取初始化的猫为全局最优。然后对猫进行分组来决定猫进入搜寻模式还是跟踪模式;如果猫处于搜寻模式,首先利用扰动向量产生新的个体和猫的位置进行比较,决定 winner 和 loser,然后根据 winner 和 loser 更新概率模型,根据记忆池大小依次调整猫的位置,当收敛率(CR)小于 1 时引入梯度搜索法来更新猫的最后位置,更新后的位置和原有全局最优两者中重新选择为全局最优。当猫处于跟踪模式,首先利用扰动向量产生新的个体,根据式(3-13)和式(3-14)来更新猫的位置,然后新旧两者比较决定 winner 和 loser,根据 winner 和 loser 更新概率模型,紧接着在猫的新位置、新的个体、全局最优者三者中间决定新的全局最优者。整个算法流程可以用如图 4-5 所示的伪代码来表示。

基于 Γ 概率模型的简洁式猫群算法的伪代码描述
输入:问题 P,定义域,评价函数 fitness。
输出:全局最优解 gbest。
Begin
1. initialize the cat;　　　　　　　　/初始化所有的变量
2. random generate xgb,cat.x and cat.v;/随机产生全局最优,和猫群的位置、速度
3. grouping the cat;　　　　　　　　/对猫进行分组
4. while(t<maxiteration)
5.　if(the cat is in seeking mode);
6.　　updating cat.x according to the corresponding rule;
7.　　updating u and sigma according to formula (3-10) and (3-11);
8.　　calculate　cr;
9.　　if(cr>1)
gradient descent method andbreak this loop;
10.　end if
11.　end if
12.　if(the cat is in tracing mode);
13.　　updating the cat according to the corresponding rule;
14.　　updating u and sigma according to formula (3-10) and (3-11);
15.　end if
16.　select the global best;
17.　t=t+1;
18.end while
19.output the global best;
End

图 4-5　基于 Γ 分布模型的简洁式猫群算法伪代码图

4.3　实验结果与分析

为了测试基于 Γ 分布模型的 GDCCSO(简洁式猫群算法),而第 3 章所提出 cCSO(简洁式猫群算法)的性能,参考 IEEE 计算智能世界大会(2008)所提出大数据平台的标准测试函数,结合 Neri F 等(2008)等提出的标准测试函数,采用第 4 章实验相同的 47 个测试函数,见附录。

　　GDCCSO 是基于小样本问题优化的简洁式优化算法,仍然选择和基于大样本估计的正态分布简洁式优化算法 rcGA,cDE 和 cPSO 比较,增加第 3 章所提出的 cCSO 算法,从节省程序运行空间考虑的角度,把简单单粒子优化算法(ISPO)也作为参考对象。GDCCSO 采用差分算子作为局部搜索因子,选择差分进化算法来参加比较是非常有必要的。当然 GDCCSO 对应的 CSO 和相近的 PSO 也必须成为比较对象。

　　实验环境和第 3 章一样,采用个人电脑,具体配置为 Pentium(R) Dual-core E6600 CPU,主频 3.06 GHz,内存 2.96 GB。使用 Windows XP 操作系统,编程语言为 MATLAB10a。

　　所有参与比较的算法,都选择其能发挥最佳性能的参数设置,具体如表 4-1 所示。所有基于种群的比较算法的种群数量仍然设置为 60,而基于虚拟种群的算法,采用的虚拟种群数量为 300,所有显示的比较结果为 30 次运行后计算的平均结果。"±"前面表是 30 次运算的平均结果,而后面表示 30 次不同解与平均值的标准差。'+','−'与'='和上一章表示相同的含义。

表 4-1　所有比较算法的参数设置列表

算法	参数	算法来源	算法	参数	算法来源
rcGA	$N_p = 300$	Mininno (2008)	DE	$N_p = 60, F = 0.5,$ $C_r = 0.9$	storn (1997)
cDE	$N_p = 300, F = 0.5,$ $C_r = 0.3$	Mininno (2011)	PSO	$\phi_1 = -0.2, \phi_2 = -0.07,$ $\phi_3 = 3.74$ $\gamma_1 = \gamma_2 = 1, N = 60$	pedersen (2010)
cPSO	$\phi_1 = -0.2, \phi_2 = -0.07,$ $\phi_3 = 3.74,$ $\gamma_1 = \gamma_2 = 1, N_p = 300$	Neri (2013)	ISPO	$A = 1, P = 10,$ $B = 2, S_f = 4,$ $H = 30, \varepsilon = 10^{-5}$	纪震 (2010)
CSO	$N_p = 60, c_1 = c_2 = 2,$ $W = 0.9$	Chu (2002)	cCSO	$w = -0.4, c_1 = 2,$ $c_2 = -0.07$ $N_p = 300, F = 1/300$	
			GDCCSO	$w = -0.4, c_1 = 2,$ $c_2 = -0.07$ $N_p = 300, F = 1/300$	

本节的余下内容组织如下:首先展示所有比较算法的运行空间;然后展示节省运行空间算法的收敛结果,特别是 GDCCSO 和 cCSO 之间的实验结果比较。紧接着显示基于种群的优化算法和 GDCCSO 之间的实验结果比较;其次显示在相同迭代次数下,基于猫群算法和粒子群算法与 GDCCSO 的比较结果;再次总结不同维度下 GDCCSO 和 cCSO 之间的比较结果;最后总结和分析实验结果。

4.3.1　算法运行空间比较

因 GDCCSO 算法仍然采用基于概率模型的虚拟种群,算法中个体的产生仍然只需要扰动向量的更新来实现,算法仍然采用一只猫参与后续的寻优工作,因此,和第 3 章提到的 cCSO 算法一样,它仍然只需要 5 个常用的变量来保证整个算法的运行。本书选取的所有比较算法的所需的运行空间如表 4-2 所示。从表 4-2 可以看出,GDCCSO 和 cPSO,cDE,rcGA,ISPO 一样,算法所需的运行内存空间较少,属于简洁式智能优化算法。

表 4-2　所有比较算法的运行空间比较

算法	主体组成	运行空间
ISPO	Single particle optimization,learning period for velocity	2
rcGA	compact GA based structure,persistent elitism,1 sampling	4
cDE	Compact DE based structure,3 sampling	4
cPSO	Compact PSO based structure,1 sampling	5
cCSO	Compact CSO based structure,1 sampling	5
GDCCSO	Compact CSO based structure,1 sampling	5
PSO	Standard PSO structure	$2N_P$
DE	De/rand/1/bin structure	N_P
CSO	CSO based structure	$2N_P$

4.3.2　节省运行空间的算法实验结果比较

为了更清楚地显示基于 Γ 分布模型的简洁式猫群算法 GDCCSO 和基于正态分布模型的 cCSO 之间的性能差别,本次实验分两组,首先是 GDCCSO 和其他节省运行空间的算法实验结果比较,如表 4-3 所示,其次是 GDCCSO 和 cCSO 之间的性能比较,如表 4-4 所示。

表 4-3　GDCCSO 与除 cCSO 外其他节省运行空间的算法实验结果比较

函数	rCGA	cDE	ISPO	cPSO	W	GDCCSO
f1	$1.426e+04\pm$ $9.26+03e$	$8.731e-29\pm$ $1.87e-28$	$8.438e-31\pm$ $3.30e-31$	$6.471e+01\pm$ $2.28+01$	+	$6.170e-03\pm$ $1.05-03$
f2	$2.85e+04\pm$ $6.57e+03$	$3.779e+03\pm$ $1.84e+03$	$1.183e+01\pm$ $5.90e+00$	$2.560e+03\pm$ $2.36e+03$	+	$3.625e+02\pm$ $7.02e+02$
f3	$1.281e+09\pm$ $1.59e+09$	$1.291e+02\pm$ $1.83e+02$	$2.026e+02\pm$ $3.29e+02$	$1.320e+05\pm$ $7.46e+04$	+	$5.776e-01\pm$ $7.01e+00$
f4	$1.874e+01\pm$ $3.58e-01$	$8.694e-02\pm$ $2.96e-01$	$1.942e+01\pm$ $1.55e-01$	$3.728e+00\pm$ $3.71e-01$	+	$5.574e-01\pm$ $3.07e-02$
f5	$6.434e-03\pm$ $1.30e-02$	$4.288e-03\pm$ $1.37e-02$	$1.123e+01\pm$ $1.75e+01$	$9.636e-08\pm$ $3.07e-08$	−	$1.613e-02\pm$ $2.37e-03$
f6	$1.962e+02\pm$ $2.84e+01$	$7.943e+01\pm$ $1.49e+01$	$2.547e+02\pm$ $4.22e+01$	$2.940e+01\pm$ $7.94e+00$	+	$2.399e-02\pm$ $4.09e-03e$
f7	$2.311e+03\pm$ $2.46e+03$	$4.982e+03\pm$ $3.79e+03$	$2.253e+03\pm$ $8.61e+02$	$4.614e+02\pm$ $2.40e+02$	+	$2.991e+02\pm$ $1.75e-01e$
f8	$3.193e+03\pm$ $8.00e+02$	$1.672e+03\pm$ $4.49e+02$	$5.767e+03\pm$ $5.37e+02$	$3.160e+03\pm$ $9.75e+02$	+	$1.248e+00\pm$ $1.90e+00$
f9	$1.009e+04\pm$ $2.36e+03$	$8.549e+03\pm$ $2.13e+03$	$2.754e+04\pm$ $6.09e+03$	$1.344e+04\pm$ $1.74e+03$	=	$1.111e+05\pm$ $5.29e+04$
f10	$3.696e+05\pm$ $1.79e+05$	$4.264e+04\pm$ $2.34e+04$	$4.327e+03\pm$ $4.53e+03$	$1.040e+06\pm$ $1.16e+05$	+	$9.390e+05\pm$ $1.13e+04$
f11	$1.850e+01\pm$ $4.36e-01$	$1.707e+00\pm$ $1.10e+00$	$1.949e+01\pm$ $1.88e-01$	$3.699e+00\pm$ $3.53e-01$	+	$8.328e-02\pm$ $8.23e-02$
f12	$5.768e-02\pm$ $1.04e-01$	$2.394e-01\pm$ $2.02e-01$	$0.000e+00\pm$ $0.00e+00$	$9.567e-08\pm$ $2.69e-08$	+	$1.018e-08\pm$ $2.61e-09$
f13	$2.153e+02\pm$ $3.95e+01$	$1.313e+02\pm$ $1.86e+01$	$2.565e+02\pm$ $4.14e+01$	$3.924e+01\pm$ $2.31e+01$	−	$2.70e+02\pm$ $1.81e-05$

续表

函数	rCGA	cDE	ISPO	cPSO	W	GDCCSO
f14	3.245e+01± 4.52e+00	2.989e+01± 3.48e+00	4.776e+01± 4.33e+00	3.942e+01± 1.15e+00	−	7.142+02± 2.37e−01
f15	5.252e+00± 5.19e+00	2.314e−16± 5.65e−16	1.183e−6± 2.89e−17	1.778e+00± 4.27e−01	+	9.427e. −03± 6.15e−03
f16	−1.000e+02± 4.43e−09	−1.000e+02± 1.63e−09	−1.000e+02± 8.38e−15	−1.000e+02± 8.45e−05	=	−1.000e+02± 0.00e+00
f17	1.451e+00± 1.87e+00	2.816e−23± 3.15e−23	9.993e_01± 1.55e+00	1.702e+00± 7.09e−01	+	9.518e−05± 1.57e−06
f18	−5.484e−01± 1.10e+00	−1.151e+00± 4.99e−16	−2.259e−01± 1.27e+00	−1.030e+00± 7.55e−01	−	−4.104e−01± 8.97e−04
f19	4.337e+02± 4.74e+01	2.602e+02± 3.03e+01	4.043e+02± 4.14e+01	4.403e+01± 3.44e+01	−	4.500e+02± 2.60e−03
f20	−1.516e+01± 2.75e+00	−3.346e+01± 1.86e+00	−3.348e+01± 1.63e+00	−2.063e+01± 2.33e+00	−	−1.988e+01± 2.33e−01
f21	8.371e+03± 1.61e+03	5.342e+03± 8.46e+02	9.678e+03± 1.08e+03	4.784e+03± 1.09e+03	−	1.42e+00± 2.26e+00
f22	2.013e+01± 1.47e−01	1.786e+01± 2.88e−01	1.950e+01± 7.50e−02	3.899e−01± 5.18e−01	+	7.139e−02± 4.17e−02
f23	1.646e+02± 2.35e+01	4.041e+01± 1.40e+01	1.246e−13± 1.00e−14	4.657e−02± 2.39e−02	=	7.319e−02± 5.17e−03
f24	8.487e+04± 8.13e+03	2.942e+03± 1.58e+03	1.251e−30± 3.08e−31	6.918e−02± 2.54e−02	−	8.961e−03± 1.46e−02
f25	−6.348e−03± 3.23e−04	−9.162e−03± 6.26e−04	−4.552e−03± 3.78e−04	−7.858e−01± 1.60e−14	−	0.000e+00± 0.00e+00
f26	−2.177e+01± 3.08e+00	−4.937+01± 3.53e+00	−6.557e+01± 3.19e+00	−2.920e+01± 2.53e+00	=	−3.970e+01± 1.52e−01

续表

函数	rCGA	cDE	ISPO	cPSO	W	GDCCSO
f27	2.523e+05± 2.59e+04	1.050e+04± 6.30e+03	3.497e−30± 8.74e−31	2.217e−02± 4.04e−03	−	1.033e−02± 1.39e−02
f28	1.165e+03± 7.34e+01	4.219e+02± 3.71e+01	7.941e+02± 7.68e+01	8.776e−03± 2.87e−03	=	6.631e−03± 1.24e−04
f29	6.905e+10± 1.37e+10	5.642e+08± 4.99e+08	3.502e+02± 3.90e+02	1.220e+02± 2.81e+01	+	1.286e+00± 2.50e+00
f30	1.296e+11± 2.62e+10	7.065e+10± 1.18e+10	9.701e+09± 3.25e+09	4.928e+06± 6.56e+05	−	1.109e+08± 3.44e+08
f31	2.149e+04± 2.50e+03	1.841e+04± 1.28e+03	1.970e+04± 1.29e+03	1.045e+04± 2.94e+03	−	4.989e+04± 8.38e+04
f32	1.590e+03± 1.26e+03	1.061e−05± 9.77e−06	2.685e−30± 4.74e−31	1.531e−02± 3.80e−03	=	1.774e−02± 2.89e−02
f33	1.257e+02± 6.45e+00	8.949e+01± 6.17e+00	1.772e+02± 5.90e+00	7.370e+01± 3.32e+00	+	−9.9e+01± 0.00e+00
f34	5.332e+10± 3.50e+10	8.040e+09± 4.89e+09	2.475e+02± 2.12e+03	4.896e+05± 2.21e+05	+	1.790e+00± 2.67e+00
f35	9.383e+02± 1.79e+02	5.577e+02± 8.52e+01	1.611e+03± 2.52e+02	6.701e+02± 6.36e+01	+	1.046e−02± 1.66e−02
f36	7.461e+02± 2.33e+02	2.421e+02± 8.71e+01	−1.272e+02± 3.76e+00	−1.082e+02± 4.21e+00	−	3.137e−02± 6.55e−02
f37	5.507e+02± 1.82e−01	5.479e+02± 9.64e−01	5.499e+02± 4.63e−02	5.492e+02± 2.50e−01	+	6.525e−02± 4.01e−02
f38	−1.200e+03± 4.76e+01	−1.406e+03± 3.22e+01	−1.266e+03± 5.16e+01	−1.284e+03± 3.90e+01	=	0.000e+00± 0.00e+00
f39	6.156e+04± 1.53e+04	4.987e−27± 4.21e−27	1.444e−30± 5.57e−31	4.314e−03± 1.24e−03	+	8.704e−03± 2.16e−04

续表

函数	rCGA	cDE	ISPO	cPSO	W	GDCCSO
f40	7.517e+04± 1.07+04	3.315e+04± 8.11e+03	5.664e+02± 2.18e+02	4.375e+00± 9.83e−01	+	1.463e−01± 2.02e−01
f41	1.043e+10± 4.33e+09	1.097e+03± 1.85e+03	2.574e+02± 3.10e+02	8.941e+01± 5.26e+01	−	1.397e+00± 5.03e+00
f42	1.948e+01± 2.58e−01	8.004e+00± 4.30e+00	1.948e+01± 1.49e−01	1.277e+00± 3.68e−01	+	7.812e−02± 3.72e−02
f43	2.979e−01± 3.72e−01	1.353e−01+04± 2.30e−01	6.858e+00± 1.05e+01	1.084e+00± 3.16e−01	+	2.039e−02± 3.72e−02
f44	4.706e−03± 7.39e−03	0.000e+00± 0.00e+00	0.000e+00± 0.00+00	0.000e+00± 0.00e+00	=	0.000e+00± 0.00e+00
f45	4.257e+04± 4.14e+04	2.533e+04± 6.29e+03	4.065e+03± 9.65e+02	5.051e+01± 4.27e+01	+	1.433e+01± 1.92e+01
f46	2.369e+04± 3.44e+03	2.00e+04± 3.03e+03	3.775e+04± 6.48e+03	2.320+04± 3.38e+03	+	3.577e+03± 8.68e+03
f47	2.086e+06± 7.96e+05	4.587e+05± 1.68e+05	1.588e+04± 1.73e+04	1.395e+06± 1.14e+06	−	3.749e+06± 2.47e+06

从表 4-3 可以看出,基于 Γ 分布模型的 GDCCSO 算法有着很好的性能,在所有的 47 个测试函数有 26 个函数胜出其他简洁式优化算法,比第 3 章所提出的基于正态分布模型的简洁式猫群算法多出了 8 个函数。

为了更好地展示式样效果,GDCCSO 和 cCSO 之间的比较结果如表 4-4 所示。

表 4-4　GDCCSO 和其他节省运行空间的算法比较

函数	cPSO	W	cCSO	W	GDCCSO
f1	6.471e+01±2.28+01	+	9.398e−02±1.13e−02	+	6.170e−03±1.05−03
f2	2.560e+03±2.36e+03	+	9.117e+02±8.57e+02	+	3.625e+02±7.02e+02
f3	1.320e+05±7.46e+04	+	4.855e+01±3.81e+00	+	5.776e−01±7.01e+00

函数	cPSO	W	cCSO	W	GDCCSO
f4	3.728e+00±3.71e−01	+	2.897e−01±2.03.e−01	−	5.574e−01±3.07e−02
f5	9.636e−08±3.07e−08	−	7.461e−04±1.93e−05	−	1.613e−02±2.37e−03
f6	2.940e+01±7.94e+00	+	5.400e−07±7.94e+00	−	2.399e−02±4.09e−03e
f7	4.614e+02±2.40e+02	+	2.990e+02±5.10e−07	=	2.991e+02±1.75e−01e
f8	3.160e+03±9.75e+02	+	7.760e+03±5.57e+02	+	1.248e+00±1.90e+00
f9	1.344e+04±1.74e+03	+	1.028e+04±1.73e+03	−	1.111e+05±5.29e+04
f10	1.040e+06±1.16e+05	+	8.855e+05±6.48e+04	−	9.390e+05±1.13e+04
f11	3.699e+00±3.53e−01	+	9.490e−05±2.57e−06	−	8.328e−02±8.23e−02
f12	9.567e−08±2.69e−08	+	4.340e−08±3.74e−09	+	1.018e−08±2.61e−09
f13	3.924e+01±2.31e+01	−	2.70e+02±0.00e+01	=	2.70e+02±1.81e−05
f14	3.942e+01±1.15e+00	−	7.093+02±2.39e−01	=	7.142+02±2.37e−01
f15	1.778e+00±4.27e−01	+	1.287e.−01±2.13e−02	+	9.427e.−03±6.15e−03
f16	−1.000e+02±8.45e−05	=	−1.000e+02±0.00e+00	=	−1.000e+02±0.00e+00
f17	1.702e+00±7.09e−01	+	2.143e+00±4.27e−01	+	9.518e−05±1.57e−06
f18	−1.030e+00±7.55e−01	+	−3.643e−01±2.89e−01	+	−4.104e−01±8.97e−04
f19	4.403e+01±3.44e+01	−	4.500e+02±1.76e−03	=	4.500e+02±2.60e−03
f20	−2.063e+01±2.33e+00	−	−5.862e+01±4.19e−01	−	−1.988e+01±2.33e−01
f21	4.784e+03±1.09e+03	+	1.309e+04±1.09e+03	+	1.42e+00±2.26e+00
f22	3.899e−01±5.18e−01	+	2.617e−01±1.33e−01	+	7.139e−02±4.17e−02
f23	4.657e−02±2.39e−02	+	9.012e−02±5.17e−03	+	7.319e−02±5.17e−03
f24	6.918e−02±2.54e−02	−	4.338e−01±5.70e−02	+	8.961e−03±1.46e−02
f25	−7.858e−01±1.60e−14	−	0.000e+00±0.00e+00	=	0.000e+00±0.00e+00
f26	−2.920e+01±2.53e+00	+	−2.780e+01±1.42e+0	+	−3.970e+01±1.52e−01
f27	2.217e−02±4.04e−03	−	6.411e−02±4.04e−03	+	1.033e−02±1.39e−02
f28	8.776e−03±2.87e−03	+	7.877e−03±1.34e−04	+	6.631e−03±1.24e−04
f29	1.220e+02±2.81e+01	+	1.427e+02±8.52e+01	+	1.286e+00±2.50e+00
f30	4.928e+06±6.56e+05	−	1.450e+08±1.05e+07	+	1.109e+08±3.44e+08

函数	cPSO	W	cCSO	W	GDCCSO
f31	1.045e+04±2.94e+03	−	2.970e+04±2.37e+03	−	4.989e+04±8.38e+04
f32	1.531e−02±3.80e−03	+	3.437e−02±3.30e−03	+	1.774e−02±2.89e−02
f33	7.370e+01±3.32e+00	+	−1.00e+02±0.00e+00	−	−9.9e+01±0.00e+00
f34	4.896e+05±2.21e+05	+	2.262e+02±7.94e+01	+	1.790e+00±2.67e+00
f35	6.701e+02±6.36e+01	+	2.437e+02±2.37e+01	+	1.046e−02±1.66e−02
f36	−1.082e+02±4.21e+00	−	9.163e−05±4.21e+00	−	3.137e−02±6.55e−02
f37	5.492e+02±2.50e−01	+	2.154e−01±5.88e−02	+	6.525e−02±4.01e−02
f28	8.776e−03±2.87e−03	+	7.877e−03±1.34e−04	+	6.631e−03±1.24e−04
f29	1.220e+02±2.81e+01	+	1.427e+02±8.52e+01	+	1.286e+00±2.50e+00
f30	4.928e+06±6.56e+05	−	1.450e+08±1.05e+07	+	1.109e+08±3.44e+08
f31	1.045e+04±2.94e+03	−	2.970e+04±2.37e+03	−	4.989e+04±8.38e+04
f32	1.531e−02±3.80e−03	+	3.437e−02±3.30e−03	+	1.774e−02±2.89e−02
f33	7.370e+01±3.32e+00	+	−1.00e+02±0.00e+00	−	−9.9e+01±0.00e+00
f34	4.896e+05±2.21e+05	+	2.262e+02±7.94e+01	+	1.790e+00±2.67e+00
f35	6.701e+02±6.36e+01	+	2.437e+02±2.37e+01	+	1.046e−02±1.66e−02
f36	−1.082e+02±4.21e+00	−	9.163e−05±4.21e+00	−	3.137e−02±6.55e−02
f37	5.492e+02±2.50e−01	+	2.154e−01±5.88e−02	+	6.525e−02±4.01e−02
f38	−1.284e+03±3.90e+01	−	−1.29e+03±2.28e+01	−	0.000e+00±0.00e+00
f39	4.314e−03±1.24e−03	−	4.112e−04±5.18e−05	−	8.704e−03±2.16e−04
f40	4.375e+00±9.83e−01	+	4.813e+00±4.84e−01	+	1.463e−01±2.02e−01
f41	8.941e+01±5.26e+01	+	1.723e+02±8.83e+01	+	1.397e+00±5.03e+00
f42	1.277e+00±3.68e−01	+	2.075e−01±5.45e−02	+	7.812e−02±3.72e−02
f43	1.084e+00±3.16e−01	+	9.176e−01±1.78e−02	+	2.039e−02±3.72e−02
f44	0.000e+00±0.00e+00	=	0.000e+00±0.00e+00	=	0.000e+00±0.00e+00
f45	5.051e+01±4.27e+01	+	4.562e+02±3.29e+01	+	1.433e+01±1.92e+01
f46	2.320+04±3.38e+03	−	2.555e+03±1.73e+02	−	3.577e+03±8.68e+03
f47	1.395e+06±1.14e+06	−	4.429e+06±1.25e+05	+	3.749e+06±2.47e+06

三种比较算法中,GDCCSO 在 23 个测试函数中胜出 cCSO 和 cPSO 算法,而 cCSO 在 14 个函数测试中完胜其他两种算法;而 cPSO 仅在 10 个测试函数中完胜 另外两种算法。

4.3.3 基于种群的相关算法和简洁式猫群算法之间的实验结果 比较

和第 3 章一样,本次实验对基于种群的 DE、PSO、CSO 和 GDCCSO 之间也进 行了实验结果比较,如表 4-5 所示。

从表 4-5 依然可以发现 GDCCSO 在 11 个标准测试函数中胜出,即使它面对 的基于大量种群的优化算法。

表 4-5　基于种群的优化算法和 GDCCSO 之间的实验结果比较

函数	DE	W	PSO	W	CSO	W	GDCCSO
f1	$8.268e+01\pm$ $1.90+01e$		$1.094e+04\pm$ $2.30e+03$	$-$	$0.000e+00\pm$ $0.00+00$	$-$	$6.170e-03\pm$ $1.05-03$
f2	$3.062e+$ $04v3.70e+03$		$4.231e+04\pm$ $1.84e+03$	$+$	$0.000e+00\pm$ $0.00+00$	$-$	$3.625e+02\pm$ $7.02e+02$
f3	$2.714e+00\pm$ $1.11e+06$		$1.102e+09\pm$ $5.07e+08$	$+$	$2.890e+01\pm$ $1.394e-02$	$-$	$5.776e-01\pm$ $7.01e+00$
f4	$4.071e+01\pm$ $1.98e-01$		$1.638e+01\pm$ $1.21e+00$	$+$	$0.000e+00\pm$ $0.00+00$	$-$	$5.574e-01\pm$ $3.07e-02$
f5	$7.194e+01\pm$ $9.72e+00$		$0.000e+00\pm$ $0.000e+00$	$-$	$0.000e+00\pm$ $0.00+00$	$-$	$1.613e-02\pm$ $2.37e-03$
f6	$2.150e+02\pm$ $9.09e+00$		$2.886e+02\pm$ $3.27e+01$	$+$	$0.000e+00\pm$ $0.00+00$	$-$	$2.399e-02\pm$ $4.09e-03e$
f7	$2.407e+05\pm$ $4.95e+04$		$1.320e+05\pm$ $1.02e+04$	$+$	$2.990e+02\pm$ $0.000e+00$	$=$	$2.991e+02\pm$ $1.75e-01e$
f8	$6.329e+03\pm$ $2.35e+02$		$6.676e+03\pm$ $6.43e+02$	$-$	$3.160e+03\pm$ $9.75e+02$	$-$	$1.248e+00\pm$ $1.90e+00$

续表

函数	DE	W	PSO	W	CSO	W	GDCCSO
f9	1.632e+04± 1.12e+03		1.304e+04± 3.16e+03	+	1.344e+04± 1.74e+03	+	1.111 e+05± 5.29e+04
f10	8.507e+05± 9.23e+04		9.715e+05± 1.56e+05	−	3.221e+06± 1.69e+05	+	9.390e+05± 1.13e+04
f11	4.216e+00± 1.57e−01		1.706e+01± 1.72e+00	+	−1.83e−06± 0.00e+00	−	8.328e−02± 8.23e−02
f12	6.535e+01± 1.01e+01		1.138e+01± 3.07e+01	+	9.567e−08± 2.69e−08	=	1.018e−08± 2.61e−09
f13	2.585e+02± 1.11e+01		3.154e+02± 2.18e+01	+	2.700e+02± 0.00e+00	=	2.70e+02± 1.81e−05
f14	4.002e+01± 1.07e+00		3.965e+01± 1.17e+00	−	7.049e+02± 2.20e+00	−	7.142+02± 2.37e−01
f15	7.441e−02± 1.88e−05		4.081e+00± 2.22e+00	+	0.000e+00± 0.00+00	−	9.427e. −03± 6.15e−03
f16	−9.941e−08± 1.07e−01		−1.000e+02± 0.00e+00	=	−1.000e+02± 8.45e−05	=	−1.000e+02± 0.00e+00
f17	9.423e−08± 5.15e−08		1.045e+01± 5.09e+00	−	1.630e+00± 5.83e−01	−	9.518e−05± 1.57e−06
f18	−1.150e+00± 3.36e−07		3.501e+03± 9.84e+03	+	5.453e−01± 3.26e−01	+	−4.104e−01± 8.97e−04
f19	4.702e+02± 1.43e+01		6.106e+02± 3.42e+01	+	4.500e+02± 0.00e+00	=	4.500e+02± 2.60e−03
f20	−1.277e+01± 4.27e−01		−1.935e+01± 1.71e+00	+	−1.102e+01± 1.07e+00	+	−1.988e+01± 2.33e−01
f21	1.269e+04± 3.61e+02		9.690e+03± 1.13e+03	−	4.784e+03± 1.49e+02	−	1.42e+00± 2.26e+00
f22	1.829e+01± 4.23e+01		2.003e+01± 3.74e−01	+	0.000e+00± 0.00+00		7.139e−02± 4.17e−02

函数	DE	W	PSO	W	CSO	W	GDCCSO
f23	$1.610e+02\pm$ $6.38e+00$		$1.814e+01\pm$ $1.00e+01$	$+$	$4.657e-02\pm$ $2.39e-02$	$-$	$7.319e-02\pm$ $5.17e-03$
f24	$2.387e+04\pm$ $3.49e+03$		$6.500e+04\pm$ $9.69e+03$	$+$	$0.000e+00\pm$ $0.00+00$	$-$	$8.961e-03\pm$ $1.46e-02$
f25	$-1.118e-02\pm$ $1.28e-03$		$-7.492e-03\pm$ $1.05e-03$	$-$	$0.000e+00\pm$ $0.00+00$	$=$	$0.000e+00\pm$ $0.00e+00$
f26	$-1.588e+01\pm$ $5.25e-01$		$-2.676+01\pm$ $2.00e+00$	$-$	$-1.977e+01\pm$ $1.42e+00$	$=$	$-3.970e+01\pm$ $1.52e-01$
f27	$8.898e+04\pm$ $8.78e+03$		$1.924e+05\pm$ $1.92e+04$	$+$	$0.000e+00\pm$ $0.00+00$	$-$	$1.033e-02\pm$ $1.39e-02$
f28	$1.176e+03\pm$ $2.53e+01$		$1.278e+03\pm$ $4.44e+01$	$+$	$0.000e+00\pm$ $0.00+00$	$-$	$6.631e-03\pm$ $1.24e-04$
f29	$2.635e+10\pm$ $5.08e+09$		$3.853e+10\pm$ $1.41e+10$	$+$	$9.898e+01\pm$ $1.84e+00$	$-$	$1.286e+00\pm$ $2.50e+00$
f30	$1.476e+11\pm$ $1.26e+10$		$1.016e+11\pm$ $1.95e+10$	$+$	$0.000e+00\pm$ $8.35+00$	$-$	$1.109e+08\pm$ $3.44e+08$
f31	$3.025e+04\pm$ $4.78e+02$		$2.369e+04\pm$ $1.88e+03$	$-$	$1.045e+04\pm$ $2.94e+03$	$-$	$4.989e+04\pm$ $8.38e+04$
f32	$2.093e+05\pm$ $1.63e+04$		$1.139e+04\pm$ $1.67e+03$	$+$	$1.531e-02\pm$ $3.80e-03$	$-$	$1.774e-02\pm$ $2.89e-02$
f33	$1.185e+02\pm$ $2.83e+00$		$1.406e+02\pm$ $1.29e+01$	$+$	$7.370e+03\pm$ $3.32e+00$	$+$	$-9.9e+01\pm$ $0.00e+00$
f34	$8.196e+10\pm$ $1.11e+10$		$7.764e+10\pm$ $2.16e+10$	$+$	$9.897e+02\pm$ $2.24e-02$	$+$	$1.790e+00\pm$ $2.67e+00$
f35	$1.399e+03\pm$ $4.24e+01$		$1.054e+03\pm$ $1.47e+02$	$+$	$0.000e+00\pm$ $0.00+00$	$-$	$1.046e-02\pm$ $1.66e-02$
f36	$1.566e+03\pm$ $1.33e+02$		$1.241e+03\pm$ $2.44e+02$	$+$	$1.082e+02\pm$ $4.21e+00$	$+$	$3.137e-02\pm$ $6.55e-02$
f37	$5.506e+02\pm$ $1.24e-01$		$5.507e+02\pm$ $1.70e-01$	$+$	$5.492e+02\pm$ $2.50e+-01$	$+$	$6.525e-02\pm$ $4.01e-02$
f38	$-1.055e+03\pm$ $1.08e+01$		$-1.282e+03\pm$ $2.17e+02$	$-$	$-1.284e+03\pm$ $3.90e+01$		$0.000e+00\pm$ $0.00e+00$

续表

函数	DE	W	PSO	W	CSO	W	GDCCSO
f39	8.337e+03± 1.11e+03		1.200e+03± 2.17e+02	+	0.000e+00± 0.00+00	−	8.704e−03± 2.16e−04
f40	8.968e+04± 7.74e+03		1.700e+04± 3.07e+03	+	0.000e+00± 0.00+00	−	1.463e−01± 2.02e−01
f41	2.141e+09± 5.70e+08		1.783e+07± 5.51e+06	+	4.897e+01± 1.37e−02	−	1.397e+00± 5.03e+00
f42	1.363e+01± 4.45e−01		6.877e+00± 4.72e−01	+	0.000e+00± 0.00+00	−	7.812e−02± 3.72e−02
f43	3.710e−02± 3.26e+01		2.554e−02± 4.97e+01		0.000e+00± 0.00+00	−	2.039e−02± 3.72e−02
f44	4.683e+02± 1.34e+01		0.000e+00± 0.00e+00	=	0.000e+00± 0.00+00	=	0.000e+00± 0.00+00
f45	2.538e+06± 2.08e+05		1.133e+06± 2.16e+03	+	0.000e+00± 0.00+00	−	1.433e+01± 1.92e+01
f46	3.151e+04± 1.19e+03		1.887e+04± 2.16+03	+	0.000e+00± 0.00+00	−	3.577e+03± 8.68e+03
f47	4.674e+06± 2.18e+05		2.182+06± 4.00e+05	−	1.693e+07± 4.32e+06	+	3.749e+06± 2.47e+06

4.3.4　基于相同收敛结果下迭代次数的比较

本次实验选取测试函数 f1 和测试函数 f4 为此次实验对象,以基于种群的 PSO、CSO、GDCCSO、cCSO 作为比较算法,实验结果如表 4-6 和表 4-7 所示。

表 4-6　基于测试函数 f1 的实验结果比较

	PSO	CSO	cPSO	cCSO	GDCCSO
Iteration 100	8 202.631 6	0.000 000	55.695	42.768	5.810
Iteration 200	3 754.948 2	0.000 000	19.852	32.570	4.278
Iteration 500	2 459.458 6	0.000 000	1.374 5	0.975 41	0.036 91
Iteration 1000	1 417.468 9	0.000 000	0.616 48	0.441 66	0.036 91
Iteration 2000	1 414.286 6	0.000 000	0.368 93	0.204 22	0.000 033

表 4-7　基于相同迭代次数下的收敛结果比较

迭代次数	PSO	CSO	cPSO	cCSO	GDCCSO
Iteration 100	14.385 78	8.88×10^{-16}	6.345 9	6.345	10.602
Iteration 200	12.034 79	8.88×10^{-16}	4.672 5	4.672	4.942
Iteration 500	10.316 88	8.88×10^{-16}	3.337 0	3.337	3.824
Iteration 100	14.385 78	8.88×10^{-16}	6.345 9	6.345	10.602
Iteration 200	12.034 79	8.88×10^{-16}	4.672 5	4.672	4.942
Iteration 500	10.316 88	8.88×10^{-16}	3.337 0	3.337	3.824
Iteration1000	9.052 37	8.88×10^{-16}	2.339 3	2.339	1.427
Iteration 2000	7.332 54	8.88×10^{-16}	0.973 354	0.912113	0.302 071

从表 4-6 不难看出,除 CSO 外,GDCCSO 有着更快的收敛速度,而且 GDCC-SO 的收敛是逐步进行的,基于这点比 PSO 和 cPSO 有着非常明显的优势。

表 4-7 也同样展示 GDCCSO 逐步收敛的特点,但 GDCCSO 的初始性能并不令人满意,前 200 次迭代的收敛结果都比 cCSO 和 cPSO 差,在 500 次迭代仍然输给 cCSO 算法,但后期 GDCCSO 会继续收敛,并能够在迭代结束前得到最优的收敛结果。和表 4-6 中显示的数据的特征一样,GDCCSO 在基于迭代次数的比较中也展示出比相应的基于种群的算法有更优秀的性能。

4.3.5　基于标准测试函数的不同维度下的实验结果统计分析

因为 Γ 分布模型是基于小样本问题的,和正态分布概率模型指导下 cCSO 比较,它们各自适合解决问题的范围,也是需要研究的内容之一。充分了解两种算法的性能,方便使用者解决各种优化问题时选择更合适的算法。表 4-8 展示了基于正态分布模型概率指导的 cCSO 算法在 47 个标准测试函数基于不同维度,与除 GDCCSO 外的简洁式算法比较的结果,其中括号内是该维度下测试函数额总数,括号前的数字表示 cCSO 能胜出其他算法的函数个数。

表 4-8　cCSO 与其他比较算法基于测试函数维度的算法性能总结

比较对象	10-dimension	30-dimension	50-dimension	100-dimension
所有算法	1(4)	1(14)	2(12)	4(17)
基于种群	1(4)	3(14)	4(12)	6(17)
节省运行空间	1(4)	7(14)	5(12)	5(17)

本节提出的算法 GDCCSO 与 cCSO 比较结果如表 4-9 所示。从表 4-9 中可以看出,GDCCSO 比 cCSO 有着更好的性能,特别在中低维度和高维度的函数测试中效果尤其明显;处于 50 维度的测试函数两种性能基本接近。由于本节所采用的实验完全基于标准测试函数,每个数据不同维度的属性都是基于同类型的,且可以直接相互计算,数据的每一个维度的权重也是相同的,因此如果忽略维度间的相互影响,且认为每一个数据的不同维度的权重是相同的,则仅仅针对不同维度的问题,可以按照上述实验数据作为参考来选择 GDCCSO 还是 cCSO。如果所需解决问题的数据集不属于这种纯数值的类型,则两种不同概率的选择要重新考虑。

表 4-9　GDCCSO 与 cCSO 基于测试函数维度的算法性能总结

测试函数维度	胜出个数(总数)	测试函数维度	胜出个数(总数)
10 维	3(4)	50 维	6(12)
30 维	11(14)	100 维	10(17)

4.3.6　实验结果小结

GDCCSO 采用了 Γ 分布模型,同时改进了搜寻模式下的更新规则。一方面,Γ 分布模型比正态分布模型更集中,产生的解的指导性更强,因而在这点上会减少后续猫群搜索的盲目性。其次梯度下降法降低计算成本的同时,加快算法的收敛速度。因此在一定条件下 GDCCSO 有着比 cCSO 有更好的性能有一定必然性。

上节提到的以维度为参考数据来选择两种不同的算法。必须强调的是,并不是所有的时候 GDCCSO 都能胜过 cCSO,他们各自的适应大前提是不同的。根据中心极限定理,大样本数据的分布都是基于正态概率分布模型的。cCSO 正是基于正态概率模型的优化算法,面对的大样本数据问题的优化,一般会首先要选择 cCSO;而小样本数据的分布呈现各种概率模型,Γ 分布就是其中一种代表,代表某一类小样本数据集合的分布。GDCCSO 是基于 Γ 分布的,当样本数比较小时,选择 GDCCSO 也许有一定的优势。

上述实验比较是都是基于标准测试函数的,没有考虑数据集本身的分布特征、每一个数据的维度间的关联性、每一个数据维度的属性是否相同,以及每一个数据的维度之间的权重。这里的比较忽略了很多细节,一律认为样本数据所有维度是同质的,同等权重且数据相互独立。而事实上,大多数数据集并不能用一个简单的概率模型来描述。因此,这些比较的实验结果并不能完全代表各自算法的真实性能。针对简化了上述各种关系的数据样本,当需要优化的问题为大样本数据问题时,如果选择小样本数据集的概率分布 Γ 分布模型来描述,就是容易形成对问题的失真描述,所产生的解不具有有效性,容易陷入局部最优,收敛速度和收敛结果都不会令人满意。而如果需要优化的问题是非正常分布模型的小样本问题,而我们却选择正态分布模型来描述,则不一定能找到最优解,且收敛速度会非常慢。如果正确选择 Γ 分布来描述小样本问题,面对一组标准差不大的数据,通过实验产生的 Γ 分布产生的个体的质量也不会很高,搜索的指导性不强。如果数据间的差异很大,则 Γ 分布的优势就会体现出来。如果正确选择正态分布模型来描述样本集合,数据间的差异很大,通过观察实验数据得知,通过更新后的 u 和 σ 并不一定能产生非常有效的解;当数据间差异较小时,产生个体对后续搜索的指导性更强。所以一个概率模型的选择并不一定就能解决所有的问题,而与数据集本身有很大的关系。

4.4　应用案例:音频水印嵌入

随着互联网技术的发展,多媒体资源的共享越来越方便,随之而来的非法复制问题已经变得非常严重,因此,在网络媒体中加入水印来强调版权成为人们维护自己权益的重要手段。然而,人们对多媒体资源的品质要求也变得越来越高,这就要求维护版权的同时嵌入水印后的多媒体既有好的品质又要能保证水印具有良好的鲁棒性,必须能够抵抗常见的攻击,如尺寸放大与缩小、MP3 压缩、低通过滤、重新取样等。基于这些要求,很多学者的研究在时域上和频域上保证了这点。在时域上,Swanson 等(1998)提出了一种直接修改多媒体样本来嵌入水印的方法。Lie 等(2006)通过修改一组低频振幅来嵌入强鲁棒性的水印。在频域上,Huang 等(2002)通过在时域中将条形码作为自同步码嵌入到音频信号,同时将水印嵌入到离散余弦变化的系数中。由于时域中嵌入同步码的鲁棒性有限,而且,如果嵌入同步码到离散余弦变化系数中,计算成本会增加。Wu 的等(2005)采用量化索引调制方法嵌入水印到离散小波变换低频子带系数中。这种技术通过提高鲁棒性来抵抗一般信号处理和噪声干扰,但它仍然不能抵抗振幅缩放和时间调整的攻击。Kim 等(2001)提出了一种基于离散小波系数的新补丁算法来改进传统的补丁算法。Chen 等(2010)使用规范化的信息熵来替代传统的信息熵作为新的水印嵌入技术,并用统计方法证明了利用规范化的信息熵所嵌入的水印具有不变性。然而,他们提出的嵌入方法是基于信息熵的复杂性质和特征曲线的。因此,他们不得不每次预估相应的小波系数的权重,这种预估方法会降低嵌入水印后多媒体的品质。一般说来,水印系统的性能是根据信噪比和误比特率来评价的,但是这两者之间需要有个最佳的平衡点,一方面嵌入水印后的音频信号品质要高,其次还要确保嵌入的水印具有很强的鲁棒性。此外,嵌入后水印能够在没有原始音频信号的情况下提取出来。为了解决这个最近平衡点问题,把信噪比和误比特率作为一个优化问题来考虑。因为水印嵌入和使用软硬件环境的不确定性,有些场合,如 MP3 播放器等,其计算能力相对较弱,要确保水印随时能够嵌入和提取,优化算法应具有较小的硬件依赖性。而本节设计的 GDCCSO 刚好满足这个要求而又具有良好的优化性能。

　　基于此,本书采用简洁式猫群算法来解决这个优化问题。最后在实验中优化性能与水印鲁棒性的评价利用信噪比、主观印象评测、嵌入水印的容量、误比特率等多个方面来综合实现。实验结果表明,本书提出的方法既能保证高的音频品质,又能抵抗一般的攻击。

4.4.1　基于优化的水印嵌入与提取策略

　　快速傅里叶变换适用于分析广义平稳条件下的音频信号,但不擅长处理不稳定状态下的音频信号。因此,本节使用离散小波变换(DWT)将音频信号转换为频域信号。

　　Burrus 等(1998)提出了一种通过滤波器分解来实现离散小波变换的方法。它利用正交镜像滤波器来计算 k 层小波低频系数 A_k 和高频系数 D_k。在这种结构的基础上,我们将原始的语音信号 $S(n)$ 通过七层分解后转换为小波域信号。考虑水印的鲁棒性,将同步代码和水印嵌入到第 7 层的低频系数。

　　假设存在一组基于离散小波变换的低频小波系数 $X_N = \{|c_i| \mid 0 \leqslant i \leqslant N-1\}$,$X_N$ 的小波信息熵

$$P(X_N) = -\sum_{k=0}^{N-1}\left(\frac{|c_k|}{\sum_{j=0}^{N-1}|c_j|}\right)\lg_{10}\left(\frac{|c_k|}{\sum_{j=0}^{N-1}|c_j|}\right) \tag{4-11}$$

式中:c_k,c_j 分别为第 k 个小波系数和第 j 个小波系数。

　　本节将以上述表达方法为基础详细描述基于优化的最优尺度离散小波系数水印嵌入与提取策略。

1. 嵌入方法

　　首先,假设同步码和水印为二进制数值序列 $B = \{0,1,10,1,\cdots\}$,同步码和水印的嵌入架构如图 4-6 所示。

…	同步码	水印	同步码	水印	…

图 4-6　同步码和水印框架图

其次,如图 4-6 所示,将原始音频信号 $S(n)$ 切割成数段,再将每一段做小波转换。然后,将同步码和水印嵌入每一段的离散小波的最低频系数中。同时,我们将每 N 个连续系数分成一组 $X_N = \{|c_0|, |c_1|, \cdots, |c_N|\}$,基于小波信息熵的定义,我们所提出的嵌入方法如下。

当嵌入水印为 1,则

$$P(\hat{X}_N) = (P_{max} + P_{mid})/2 + \varepsilon \tag{4-12}$$

当嵌入水印为 0,则

$$P(\hat{X}_N) = (P_{min} + P_{mid})/2 - \varepsilon \tag{4-13}$$

式中:$P_{max} = P(X_{N, |c_0| = |c_1| = \cdots = |c_N|})$;$P_{min} = P(X_{N, |c_0| = |c_1| = \cdots = |c_{N-1}| = 0})$;$P_{mid} = (P_{max} + P_{min})/2$;$\varepsilon \in (0, (P_{max} - P_{min})/2)$ 是一个很小的正数,也可以当作提取水印的密钥。

2. 嵌入过程的优化

一般说来,嵌入水印后的音频信号的品质是用 SNR 来评价的。SNR 定义如下:

$$SNR = -10 \lg \left(\frac{\| \hat{S}(n) - S(n) \|_2^2}{\| S(n) \|_2^2} \right) \tag{4-14}$$

式中:$S(n)$ 为原始音频信号;$\hat{S}(n)$ 为嵌入水印后的音频信号。

根据帕塞尔能量定理,在所有样本中,$S(n)$ 的平方和其对应的离散小波变换系数的平方和式相等的,则 SNR 可以改写为

$$SNR = -10 \lg \left(\frac{\| \hat{X}_N - X_N \|_2^2}{\| X_N \|_2^2} \right) \tag{4-15}$$

式中:X_N 为小波系数;$\hat{X}_N$ 为嵌入水印后的小波系数。

因为 lg 函数的映射是一对一的,式(4-15)可以简化成

$$SNR' = \frac{\| \hat{X}_N - X_N \|^2}{\| X_N \|^2} \tag{4-16}$$

或

$$SNR' = \frac{(\hat{X}_N - X_N)^T (X_N - X_N)}{X_N^T X_N} \tag{4-17}$$

假设待嵌入水印和同步码形成的序列 $B = \{0, 1, 10, 1, \cdots\}$，当嵌入的水印为二进制数 1，结合式(4-12)和式(4-17)，就得到了一个最优化的问题，当式(4-17)满足条件 $P(\hat{X}_N) = (P_{max} + P_{mid})/2 + \varepsilon$，最小化式(4-17)。当嵌入的水印为二进制数 0 时，限制条件换成 $P(\hat{X}_N) = (P_{min} + P_{mid})/2 - \varepsilon$。整个嵌入过程如图 4-7 所示。

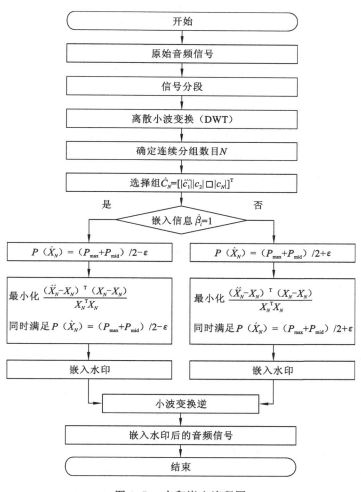

图 4-7　水印嵌入流程图

3. 简洁式猫群算法的适应度函数设计

式(4-17)是一个连续函数优化问题。考虑音频水印信号使用的环境可能会发生在 MP3 等简单硬件构建的系统中,为了让音频信号的使用不受太多的使用环境限制,选择采用对硬件依赖性不强的简洁式猫群算法来解决式(4-17)的优化问题。

利用式(4-17)作为适应度函数,设计小波系数为简洁式猫群算法的变量(x_1, x_2, $\cdots$, x_i),在条件 $P(\hat{X}_N) = (P_{max} + P_{mid})/2 + \varepsilon$ 成立或者 $P(\hat{X}_N) = (P_{min} + P_{mid})/2 - \varepsilon$ 成立的条件下,适应度最好的个体 x_{gb} 就是问题所需要的一组小波系数。

4. 水印提取方法

本节提出水印嵌入方式是基于不可见水印,提取过程是嵌入过程的一个简单逆转换。具体可过描述如下。

首先把待测试的音频信号分成几段,每段信号表示成为离散小波变换系数表达方式。假设 $\hat{X}_N$ 表示每段信号第 7 层小波系数中 N 个连续最低频子带的小波系数,包括水印 $\{\hat{\beta}_i\}$ 在内的二进制序列将会从 $\hat{X}_N$ 中提取。

其次,为了找到同步码,离散小波变换与提取过程重复使用多次。同时,每 N 个相邻的最低频系数 $\hat{X}_N$ 将嵌入 $\hat{B}$ 取出规则如下:当 $P(\hat{X}_N) > P_{mid}$,取出 $\hat{B} = 1$;当 $P(\hat{X}_N) < P_{mid}$,取出 $\hat{B} = 0$。

当找到同步码后,上述的提取过程又用来检测水印 $\hat{B}$。

当计算得到整个嵌入序列后,首先提取同步码,然后在余下的部分中提取出水印。整个水印提取过程如图 4-8 所示。

4.4.2　实验结果与分析

为了展示算法的性能,本节采用 16 位单声道音乐信号,按照 44.1 kHz 采样。既然水印是嵌入第 7 层低频离散小波系数,每一段音乐嵌入的容量可以通过计算 $44\,100 \times 11.609 \div 4 \div 2^7 \div 3$ 获得。

本次实验使用 5 种不同类型的音频信号:love song,symphony,dance,recorder,piano。每一种类型有 20 种音频信号。在相同的技术下调制离散小波系数的信息熵,将本书的方法和 Chen 等(2010)提出的方法比较。为了进一步展示本书提出的优化算法的性能,我们也增加 cDE 算法来优化相应的参数,比较两种不同优化算法的性能。在下面的实验中,我们采用 5 种攻击方法来测试本书提出的算法的性能。测试结果将在后面一一展示。为了测试嵌入水印后的音乐品质,让 10 个听众给原始音频信号和嵌入水印后的音频信号打分。评分的标准如表 4-10 所示。

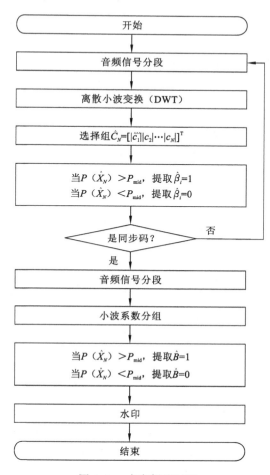

图 4-8　水印提取过程

表 4-10　平均意见分（MOS）

MOS	品质	损害
5	优秀	察觉不到
4	良好	可以察觉但不讨厌
3	一般	轻微讨厌
2	差	讨厌
1	非常差	非常讨厌

通过计算这些数据的平均结果,可以获得不同类型音乐的 MOS。表 4-11 显示了水印类型、域、信噪比、MOS 和不同方法的嵌入负载量等多项比较信息。

表 4-11　水印类型、域类型、信噪比、MOS 和嵌入量综合比较

算法	水印类型	域	SNR/dB	MOS	嵌入量/(b/s)
Chen 方法	小波信息熵	离散小波 7 层	21.1(Love song) 19.2(Symphony) 9.8(Dance) 18.2(Recorder) 16.7(Piano)	4.4(Love song) 4.2(Symphony) 4.1(Dance) 4.2(Recorder) 4.4(Piano)	1 333/11.6
cDE 优化参数嵌入方法	小波信息熵	离散小波 7 层	22.0(Lovesong) 23.2(Symphony) 18.2(Dance) 20.2(Recorder) 20.9(Piano)	4.8(Lovesong) 4.4(Symphony) 4.4(Dance) 4.2(Recorder) 4.4(Piano)	1 333/11.6
本书方法	小波信息熵	离散小波 7 层	22.8(Love song) 23.2(Symphony) 18.4(Dance) 20.6(Recorder) 21.3(Piano)	4.8(Love song) 4.4(Symphony) 4.4(Dance) 4.2(Recorder) 4.4(Piano)	1 333/11.6

为了测试水印的鲁棒性,我们采用了 5 种攻击方法,实验结果讨论如下。

(1)重取样。在表 4-12 中,我们重新设置嵌入水印后的音频信号的取样率,范围从 44.1～22.5 kHz。类似地,我们改变取样频率从 44.1～11.025 kHz,8 kHz,然后再回到 44.1 kHz。采用两种不同优化算法嵌入发生的误比特率大约都为 10%,但采用优化算法后嵌入后水印面对重取样攻击误比特率明显要低于 Chen 等的方法。

表 4-12　重新取样比较

重取样率/Hz	音频类型	Chen	cDE 优化参数嵌入方法	本书方法
22 050	Love song	0.2	0.2	0.2
	Symphony	1.3	1.2	1.1
	Dance	2.0	2.1	2.1
	Recorder	0.3	0.3	0.3
	Piano	0.1	0.1	0.1

续表

重取样率/Hz	音频类型	Chen	cDE 优化参数嵌入方法	本书方法
	Love song	0.3	0.2	0.2
	Symphony	2.1	1.9	1.9
11 025	Dance	7.9	7.3	7.2
	Recorder	0.2	0.2	0.2
	Piano	1.4	1.2	1.1
	Love song	0.4	0.3	0.3
	Symphony	2.3	2.4	2.4
8 000	Dance	11.0	10.4	10.3
	Recorder	0.2	0.2	0.2
	Piano	1.1	1.0	1.0

（2）MP3 压缩。MPE 压缩是最通用的音频压缩技术，在表 4-13 中，本次实验采用了不同的比特率来对嵌入水印的音频信号进行 MP3 压缩，和 Chen 等（2010）提出的方法比较，误比特率非常接近，基于 GDCCSO 的优化方法和基于 cDE 优化方法的两种实验结果更是相差无几。实验结果表明，优化后嵌入的水印抗 MP3 压缩攻击方面明显优于其他比较算法。

表 4-13　　MP3 压缩比较

比特率/kbps	音频类型	Chen	cDE 优化参数嵌入方法	本书方法
	Lovesong	0.3	0.3	0.3
	Symphony	0.3	0.3	0.3
128	Dance	2.8	2.7	2.7
	Recorder	1.2	1.6	1.8
	Piano	1.1	1.4	1.4
	Love song	0.3	0.3	0.3
	Symphony	1.6	1.6	1.6
112	Dance	3.1	3.0	2.9
	Recorder	2.6	2.2	2.2
	Piano	1.8	1.9	1.9

（3）低通滤波。同样和 Chen 等（2010）提出的方法比较，表 4-14 显示了低通滤波处理下的比较结果，此次采用的过滤频率是 3 kHz，通过实验结果可以看出，本书提出的方法、Chen 等（2010）的方法以及采用 cDE 优化嵌入水印的效果都非常接近。

表 4-14　低通滤波比较

过滤频率/kHz	音频类型	Chen	cDE 优化参数嵌入方法	本书方法
	Love song	19.9	20.1	20.1
	Symphony	21.1	21.4	21.8
3	Dance	20.5	20.2	20.2
	Recorder	22.0	23.2	23.3
	Piano	20.7	21.6	21.6

（4）振幅缩放。如前所述，音频水印同样也会有因振幅缩放攻击的困扰，振幅比例缩放因子会影响音频信号的饱和度。我们设置缩放因子 α 为 0.5，0.8，1.1，1.2 等一系列的值。采用几种不同比较算法嵌入后的实验结果如表 4-15 所示。从表中可以看出，两种优化算法优化后嵌入的水印都和 Chen 等（2010）方法有相同的结果。

（5）时间尺度缩放。嵌入水印后的音频信号按照 -5%，2% 和 5% 的比例缩放，实验结果显示如表 4-16 所示。从表 4-16 中可以看出，我们的方法所嵌入的水印的鲁棒性一点不比 Chen 等（2010）的方法差和 cDE 优化嵌入方法差。

表 4-15　振幅缩放比较

缩放因子(α)	音频类型	Chen	cDE 优化参数嵌入方法	本书方法
	Love song	0.50	0.50	0.50
	Symphony	0.40	0.40	0.40
0.5	Dance	0.40	0.40	0.40
	Recorder	0.15	0.15	0.15
	Piano	0.40	0.40	0.40
	Love song	0.50	0.50	0.50
	Symphony	0.30	0.30	0.30
0.80	Dance	0.20	0.20	0.20
	Recorder	0.40	0.40	0.40
	Piano	0.40	0.40	0.40

缩放因子(α)	音频类型	Chen	cDE 优化参数嵌入方法	本书方法
	Love song	0.40	0.40	0.40
	Symphony	0.20	0.20	0.20
1.1	Dance	0.10	0.10	0.10
	Recorder	0.07	0.07	0.07
	Piano	0.30	0.30	0.30
	Love song	0.30	0.30	0.30
	Symphony	0.30	0.30	0.30
1.20	Dance	0.20	0.20	0.20
	Recorder	0.07	0.07	0.07
	Piano	0.30	0.30	0.30

表 4-16　时间尺度缩放比较

缩放因子/%	音频类型	Chen	cDE 优化参数嵌入方法	本书方法
	Love song	42.9	42.1	41.7
	Symphony	38.9	40.9	40.9
−5	Dance	47.3	46.8	46.8
	Recorder	45.8	45.2	45.3
	Piano	44.6	44.3	44.3
	Love song	40.7	40.6	40.6
	Symphony	38.8	40.1	39.7
2	Dance	47.2	46.6	46.6
	Recorder	45.6	43.2	43.2
	Piano	40.5	42.3	42.3
	Love song	41.8	39.8	39.8
	Symphony	39.8	39.6	39.6
5	Dance	48.6	46.8	46.8
	Recorder	45.6	44.6	43.4
	Piano	44.1	43.3	42.6

4.4.3　案例分析小结

上述应用案例研究表明,本书提出的优化算法能使嵌入的水印具有更好的信噪比和鲁棒性,在音乐品质与抗攻击性两者之间切实找到了一个平衡点。特别是和采用 cDE 优化方法的实验结果相比较,在重取样、MP3 压缩、时间尺度缩放、振幅缩放、低通滤波等 5 种常规的攻击中,本书提出的最优化嵌入方法比 cDE 展示出更高的性能。除上述实验内容外还有很多问题值得研究和进一步探讨。首先,水印嵌入时小波系数的分组,我们按照 Chen 等(2010)的方法,默认选择 $N=3$ 来处理。选择多少个连续相邻的小波系数为最佳,本研究并没有提及。其次相同分组下,嵌入水印的比特量也需要评价的内容之一,这也可以成为将来的研究点之一。第三,除信噪比外,很多目标都可以成为优化的内容,多目标下的优化,限于篇幅,本节未能做出进一步的讨论。

第5章 基于简洁式猫群算法与支持向量机的人脸表情识别与优化

在计算机软硬件技术和光电技术不断发展的今天,图像的获取越来越方便。因此,如何归纳整理图像成了一项必需的工作。图像分类技术也就迎刃而生,它吸引了一大批研究者的关注。人脸识别就是图像分类技术的主要课题之一。最近几年产生了许多种人脸识别方法,其中最典型的如基于外观的人脸检测方法,这类方法通常用一个 $n \times m$ 维度空间里的向量来表达一幅 $n \times m$ 像素点的图像。然而,图像构成的 $n \times m$ 空间太大,因为计算成本过高而不能快速实现人脸识别。必须要找到一种通用的方法,减少计算量而同样达到识别的目的。Jang 等(2006)提出了巨型特征、图像积分、代理连接配置和 AdaBoost 学习等多种识别方法。这些方法都提供了快速计算和高速的检测效率,能快速改善数据,消去非正常分类。Wu 等(2007)提出了一种新颖的边沿检测方法,它使用活动基模型来构建一个可变模板,实现对人脸轮廓的识别和分析。随后 Wu 等进一步发展这种方法,使得该方法的学习能力更强,能够更快地进行检测和识别目标(Wu et al.,2007)。

脸部特征提取不仅可以用来识别嘴唇的开和闭,也能对眼睛分类。利用眼睛和嘴唇的改变来识别不同的表情,从而进一步理解被测试者的基本情感,实现对不能言语的老人、残疾人员、婴幼儿进行照护,这是智能家居系统的重要研究方向之一。Rizon 等(2007)利用嘴唇的改变来猜测被观察者的情感。Hao 等(2008)观察到嘴唇 6 种不同的状态,成功转换为不同的情感特征,然后通过对观察到的嘴唇特征对嘴唇进行分类。

嘴唇的开与闭从某种程度上可以用来识别情感。但目前的研究并不能在获取嘴唇变化的特征后有效地理解真实的感情表达。基于此,本书提出利用嘴唇的开与闭的状态结合眼睛特征一起来识别人脸表情,形成新的情感表达传递方式,真正帮助到需要居家照护的特定人群。

为了从大量的嘴唇和眼睛的图像中获得更快且更有效的分类方法,本书以Chang 等(2011)提出的 LIBSVM 为基础,采用活动基模型来对嘴唇开与闭以及眼睛来进行分类。训练后的分类器能使后期的识别更快更准。使用以 LIBSVM 为基础的 SVM 方法时,涉及两个重要的参数 G 和 C,它们会直接影响到这个活动基模型的性能。换句话说,最优的参数 G 和 C 对后续图像分类的性能和效率都会产生影响。然而,最优的参数 G 和 C 是很难猜到的。为了解决这个问题,必须选择某种优化方法来找到参数 G 和 C 的最佳值。

5.1　基于活动基模型的分类器训练基础

本节首先介绍表情提取方法,然后详细介绍以活动基模型为基础的分类器训练步骤。具体内容将在后续章节详细展开叙述。

5.1.1　方块图中的眼睛与嘴唇的捕捉

为了提取图像中的眼睛和嘴唇,首先要找到眼睛和嘴唇的位置。如图 5-1 所示。图 5-1(a)是原始图像,在图 5-1(b)中,利用 Movellan 等提出的眼睛检查方法,结合小波理论,来找到眼睛的位置。左边眼睛和右边眼睛的提取如图 5-2 所示。4D 是两眼之间的距离;2D 是眼睛的剪裁宽度。D 是高度单位。通过这种方法,我们获得了剪裁眼睛的尺寸大小,如图 5-2(a)和图 5-2(b)所示。嘴巴部分的提取如图 5-2(c)和图 5-2(d)所示。按照类似眼睛剪裁方法的扩展,可以检测得到嘴唇的宽度为 4D,而高度为 2D。如图 5-2(d)所示。当建立活动基模型时不同剪裁尺寸的比例会产生一些问题,会导致分类效果减弱。因此,为了减少不必要的误差,本书会直接采用 Movellan 等的经验值来处理。

(a) 原始图像　　　　　　　　　(b) 眼睛上的标记

图 5-1　利用眼睛检查方法来找到眼睛的位置

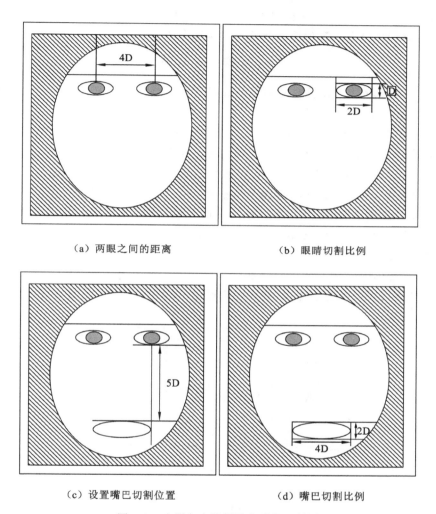

（a）两眼之间的距离　　　　　　　　　（b）眼睛切割比例

（c）设置嘴巴切割位置　　　　　　　（d）嘴巴切割比例

图 5-2　左眼与右眼提取和嘴部比例图

5.1.2　模型表示:活动基模型

Wu 等(2007)提出了活动基模型方法。它根据图像来构建活动模式,能应用到目标检测和识别中。这个模型由不同方向和位置的 Gabor 小波滤波器的线性组合构成。

Gabor 滤波利用 Gabor 核函数来对测试图像进行数学卷积运算,运算后的结果如式(5-1)所示。表现为多个图像乘以不同的权重后与图像剩余部分的和。Gabor 滤波的这种数学特征使其非常适合做图像边缘检测。

$$I_m = \sum_{i=1}^{n} c_{m,i} B_{m,i} + U_m \qquad (5-1)$$

式中:$B_{m,i}$ 为第 m 张图像所对应的 Gabor 核函数;$c_{m,i}$ 为对应 Gabor 核函数的权重系数;U_m 为第 m 张图像的残留部分。

若有一基元素 B_i,其中 $B_i = B_{x_i,s,\alpha_{m,i}}$,$i=1,\cdots,n$,经过某些平移或者旋转等扰动后能逼近某个对象的边沿,则可以认为 $B_{m,i} \approx B_i$,其中 $B_{m,i} = B_{x_i+\Delta x_{m,i},s,\alpha_{m,i}+\Delta\alpha_{m,i}}$,$i=1,\cdots,n$,$\Delta x_m$ 为平移类扰动,而 $\alpha_{m,i}+\Delta\alpha_{m,i}$ 则为旋转类扰动。根据 Gabor 核函数的数学特性,可以沿着它的法线方向平移,基 B_i 在一定的范围内也可以旋转一定的角度。如图 5-3 示,图中每个 Gabor 核函数用一个椭圆形实体来表示,实心黑色的椭圆形表示基没有经过变换前的原始位置,实心蓝色的椭圆形则表示基经过平移、旋转等操作后的位置。从图中可以看出,Gabor 基在表示具体对象前可以上下平移,也可以旋转。一个活动基模型由很多 Gabor 核函数组成,每一个活动基通过平移、旋转、两者结合、其他扰动来逼近目标的边沿。如图 5-3 所示。

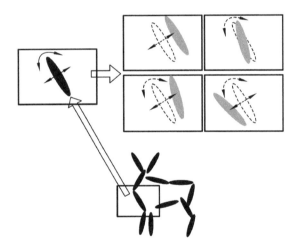

图 5-3　活动基模型与活动基扰动图

5.1.3　模型训练:Shared Sketch 算法

前面提到,构建活动基模型首先需要构建变形模板,然后用 Shared Sketch 算法来训练这个变形模型。

这个算法首先必须要有字典,这个字典的组成部分就是构成模板所需要的不同的 Gabor 滤波器,从字典中挑选需要的活动基模型的元素。

假设存在一组训练图像 $\{I_m(m=1,\cdots,M)\}$,Shared Sketch 算法不断挑选 Gabor基 B_i 和 B_i 进行变换的版本(平移、旋转、平移旋转结合),使其无限逼近图像 I_m 的 $B_{m,i}$。而在挑选的过程中,尽量选择那些每张训练样本都可以共享的元素。如图 5-4 所示。

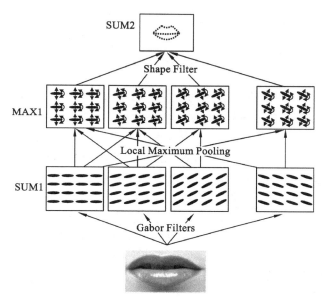

图 5-4　通过 Shared Sketch 算法来进行训练后获得变形模板

5.1.4　基模板构建

通过上述方法训练完活动基模型后,可以用 SUM-MAX 算法来测试图像样本并识别出嘴唇所在的位置和每张测试样本的基模型,这个过程一般由算法 Sum-Max Maps 来实现。活动基模型首先通过选择活动基来构建基模型,然后从每一张测试样本中获取变形模板。如图 5-5 所示。图 5-5(a)是构建的变形模板,5-5(b)是通过执行 Sum-Max Maps 算法来检测图像的边沿,并将获得的 SUM1 和 MAX1 用来构建基模板。

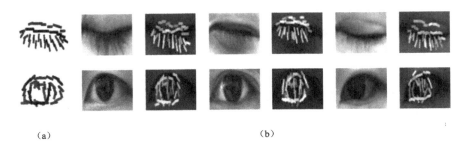

（a） （b）

图 5-5 采用训练样本来构建变形模板和基模板

5.1.5 特征向量

完成变形模板和基模板后，下一步应该计算变形模板和基模板的对数似然比，如式（5-2）所示。在每一张图像中，假设基模板 p 和变形模板 q 相对应，$r_{m,1}$ 是基模板和变形模板的并行基元素，每一张图像都会和开与闭的基模板和变形模板进行比较。因此，每张图像将获得两个向量，这两个向量能从图像在二维空间中的一个点上获取。在本书中，我们使用支持向量机来对这些点进行分类。

$$\log \frac{p(I_m \mid B_m)}{q(I_m)} = \sum_{i=1}^{n} \log \frac{p_i(c_{m,i})}{q(r_{m,i})} \tag{5-2}$$

以图 5-6（a）～（c）为例，构建左眼、右眼、嘴巴各自的活动基模型。使用式（5-2）来计算图像的特征值，某一点的向量可以用二维空间来表示。以 390 幅图像为例，左眼如图 5-6（a）所示，右眼如 5-6（b）所示，嘴巴如图 5-6（c）所示。根据特征向量的分布，可以区别分布。

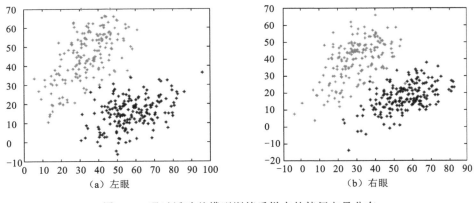

（a）左眼 （b）右眼

图 5-6 通过活动基模型训练后样本的特征向量分布

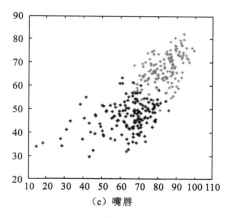

图 5-6　通过活动基模型训练后样本的特征向量分布(续)

5.1.6　支持向量机

支持向量机(SVM)是一种典型的二元线性分类方法。本节我们将采用 LIBSVM 库来对特征向量进行分类。

1. 线性可分支持向量机

当输入训练信息时,假设信息是清晰、简单、线性分离的。支持向量机的主要功能是找到最佳的分类平面(或者称为超平面),如图 5-7 所示。采用最佳化的超平面,可以把数据分为两类集合,尽可能保持两类集合离最佳超平面的距离最大。换句话说,两类集合数据离超平面的距离越远越好。在这种情况下,所有的数据能够区别哪个数据集合最佳的。

2. 线性不可分分类

本节将介绍在线性容错条件下的支持向量机。当训练信息有错误时,很难找到最佳化的超平面,线性不可分离是非常普通的。如图 5-8 所示,这些信息在边界经常有重叠。对于这些无规律的信息,很难找到某个特定的超平面或者最佳化的超平面来对这些数据进行分离。针对这类问题,Vapnik 等引入了额外的松弛变量 ξ 和惩罚权重 C 来解决,其中 ξ 代表非负数。样本松弛变量的分类错误是远大于 0 的,没有样本的分类错误等于 0。当然,我们希望松弛变量的范围 ξ 尽可能的小。因此,如果松弛变量 ξ 不为 0,有必要对其给一个惩罚权重 C. 按照这个方式,可以得到一个新的目标函数,如式(5-3)所示,其限制条件如式(5-4)所示。这样,图 5-8 所示数据又可以从非常正常分类中消去掉。

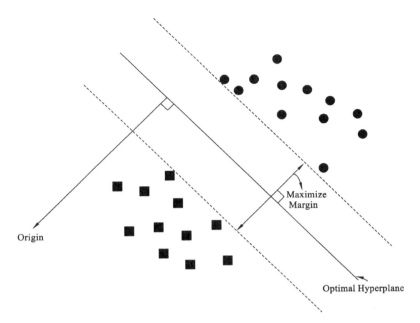

图 5-7　二维线性可分支持向量机的原理图

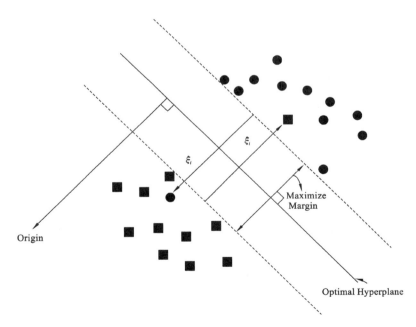

图 5-8　线性不可分离的二维支持向量机分类原理图

$$\text{Min} \frac{\| w \|^2}{2} + C \sum_i \xi_i \tag{5-3}$$

$$y_i(x_i \cdot w - b) - 1 + \xi_i \geqslant 0, \quad \xi_i > 0, \quad \forall i \tag{5-4}$$

支持向量机的计算过程非常复杂,为了方便更多的开发者,很多学者将支持向量机的整个算法设计成一个开发工具,如 Lin 等开发的 LIBSVM 软件,只需要输入相应的数据,该软件可以按照支持向量机原理来对输入的数据进行分类。

5.1.7　简洁式猫群算法

本节我们将简单介绍简洁式猫群算法,在第 3 章我们已经提到过,它通过采用一个虚拟种群来描述整个解的分布,也就是采用某种概率模型作为扰动向量 PV_{lb} 来产生个体,在概率模型的指导下,仅有的一只猫在两种不同模式下更新寻优,因此,这种算法能在硬件空间受限的环境下运行,但这种有指导的新奇搜索机制使得其拥有非常不错的寻优能力。

简洁式猫群算法的最大特点是搜索基于扰动向量的指导,扰动向量采用正态分布概率模型来产生个体,其参数 μ 和 σ 分别是正态分布概率密度函数的平均值和标准差。μ 和 σ 的每次更新都是在为下次产生更有效的解作准备。其更新规则为

$$\mu^{t+1}(i) = \mu^t(i) + \frac{1}{N_p}[\text{winner}(i) - \text{loser}(i)] \tag{5-5}$$

$$[\sigma^{t+1}(i)]^2 = [\sigma^t(i)]^2 + [\mu^t(i)]^2 - [\mu^{t+1}(t)]^2 + \frac{1}{N_p}\{[\text{winner}(i)]^2 - [\text{loser}(i)^2]\} \tag{5-6}$$

式中:$u(i)$,$\delta(i)$ 为决策变量的第 i 维所对应的期望和方差;$\text{winnner}(i)$ 为两个个体比较时适应度较好的个体第 i 维;$\text{loser}(i)$ 为两个个体比较时适应度较好的个体第 i 维;N_p 为虚拟种群的数量,一般为 300;t 为当前迭代次数。

在简洁式猫群算法中,扰动向量采用正态分布概率模型来产生个体。为了不失一般性,所有变量将映射到区间 $[-1,1]$ 内。

猫的更新方式不同于其他群智能优化算法,它有两种不同模式,分别采用两种不同的更新方式。其中搜寻模式采用下式来更新猫的位置:

$$x_i = x_i + F \cdot (\text{winner}(i) - \text{loser}(i)) \tag{5-7}$$

式中:x_i 为待优化问题的第 i 维;$\text{winner}(i)$ 为任意两个个体比较时适应度较好的个体第 i 维;$\text{loser}(i)$ 为任意两个个体比较时适应度较好的个体第 i 维;F 为缩放系数,一般设 $F = 1/300$。

当猫处于跟踪模式时,猫的位置和速度根据以下两个公式来更新:

$$v(t+1) = \omega \cdot v(t) + C \cdot \text{rand} \cdot [x_{\text{gbest}}(t) - x(t)] \tag{5-8}$$

$$x(t+1) = x(t) + v(t+1) \tag{5-9}$$

式中:ω 为惯性系数,设为 -0.4;C 为学习因子(加速系数),设为 2;rand 为 0～1 的随机数;t 为当前迭代次数。

简洁式猫群算法的初始化先设置参数,然后随机产生猫的位置和速度,由扰动向量产生个体作为全局最优个体,然后分组决定猫的所处的模式。当猫处于搜寻模式下,猫只需要探索自身周围有无更好的位置;而在跟踪模式,猫则按照式(5-8)和式(5-9)的方式来更新自身的速度和位置。为了更清晰地表示猫群算法,整个算法的流程可以运用如图 5-9 所示的伪代码来表示。

简洁式猫群算法的伪代码描述
输入:问题 P,定义域,评价函数 fitness。
输出:全局最优解 gbest。
Begin
1. initialize the cat   /初始化所有的变量
2. random generate xgb,cat.x and cat.v/随机产生全局最优,和猫群的位置,速度
3. grouping the cat   //对猫进行分组
4. while(t<maxiteration)
5.   if(the cat is in seeking mode)
6.   updating cat.x according to the corresponding rule (5-7)
7.   updating u and sigma according to formula (5-5) and (5-6)
8.   end if
9.   if(the cat is in tracing mode)
10.   updating the cat according to the corresponding rule (5-8) and (5-9)
11.   updating u and sigma according to formula (5-5) and (5-6)
12.   end if
13. select the global best
14. t=t+1
15. end while
16. output the global best
End

图 5-9　简洁式猫群算法伪代码图

5.2　cCSO-SVM 策略

　　在 Chang 等(2011)开发的支持向量机 LIBSVM 软件中,涉及两个非常重要的参数 G 和 C,它们会直接影响到分类结果的好与坏。本书使用识别的精确率作为简洁式猫群算法的适应度函数,采用简洁式猫群算法为 SVM 自动找到具有不同识别率的参数 G 和 C,识别率最高的一组参数 G 和 C 就是我们要找的最优解。整个算法过程不需要涉及 SVM 方法的任何过程,只需要把获得的 G 和 C 作为输入传送给 SVM 即可。我们把这种结合算法算法称为 cCSO-SVM 策略,整个策略的实现流程如图 5-10 所示。

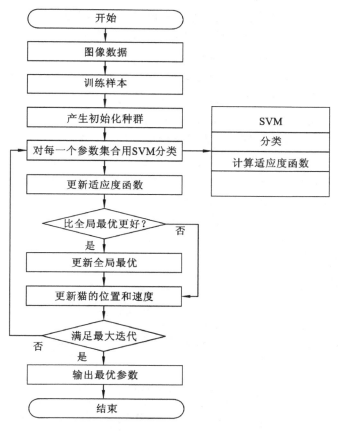

图 5-10　cCSO-SVM 策略实现步骤

5.3 实验结果与分析

当使用活动基模型来构建图像模板的时候,指定基元素的数量和缩放因子是非常必要的。不同的基元素的数量和缩放因子会影响模型的性能,直接影响最终分类的结果。基于此,本次实验设置了不同的缩放因子来设置不同的活动基,以期望获得更好的实验效果。不同的图像内容和图片尺寸,训练参数的设置是不同的。如图 5-11 所示。在闭上的左眼图像中,采用 5 种不同的活动基与四种不同的缩放因子来展示效果。在这种情况下,如果活动基的数目太少,很多重要特征不能被考虑到,就会导致有些特征丢失。此外,如果缩放因子太高,将会导致基元素的重叠交叉。以左眼为例,为了训练出最佳基模板,使基模板和左眼的特征最接近,我们采用活动基的数目和缩放因子来执行交叉验证获取最好的训练参数。本次设置嘴唇样本的基元素的数量分为 10,20,30,40,50,而缩放因子分别设置为 0.5,0.7,1.0 和 1.3。如图 5-11 所示,经过多次试验后,我们能够非常清楚地看出左眼和右眼在基元素的数量为 40,缩放因子为 0.7 时能构建最好的模板,分类精确度最高。虽然在第 3 章和第 4 章中已经证明 cCSO 的性能在大多数情况下优于 cDE 算法,为了更好体现简洁式猫群算法的性能,本次实验仍然采用 cCSO 算法和 cDE 优化算法来处理,主要原因是其他非简洁式优化算法不适合嵌入居家健康照护的设备中,采用传统优化算法来进行性能比较意义不大,它们不能基于同一平台下工作。而 cDE 优化算法在 Mininno (2011) 中已经证明不仅适合嵌入,而且其性能也非常高效。为了更好的展示 cCSO-SVM 策略的性能,本次实验分为三组进行。一组采用 cCSO-SVM 优化策略;一组用 cDE 优化策略;而另外一组直接采用 SVM 来进行分类。

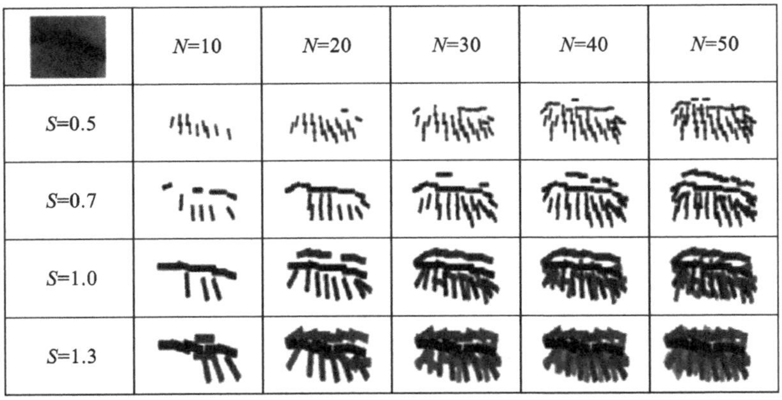

图 5-11 根据不同缩放因子设置不同活动基（N 是基元素的数量,S 是缩放尺度）

如图 5-12 所示,不同的缩放因子与不同的活动基数目匹配,形成了不同的精度的活动基。

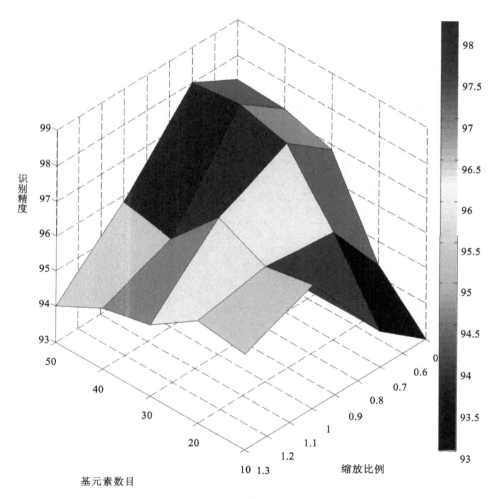

图 5-12　不同基元素数目和缩放因子交叉验证后的实验结果

本次实验采用 390 幅脸部图像,分为左眼、右眼和嘴唇三种。每一种图像由不同类型的数据组成,包括开与闭的各种不同状态。首先,我们使用 80 张图像作为训练样本来构建变形模板;然后使用变形模板来构建 390 个基模板,并得到向量的特征值。完成这些后,我们使用 SVM 来对它们进行分类。我们训练了三种 SVM 分类器。分类器 SVML 用来对左眼进行分类,分类器 SVMR 用来对右眼进行分类,分类器 SVMM 用来对嘴巴进行分类。使用 390 张图片来进行测试,实验结果表明,经过 cCSO-SVM 算法优化后的方法识别率可以达到 96.076%,如表 5-1 和表 5-2 所示。表 5-1 是经过活动基模型构建模板后和原始图像经过 cCSO-SVM 算法优化后的识别正确的结果;表 5-2 分别显示了经过优化和没有经过优化的左眼、右眼、嘴唇的识别精确率的比较结果。实验结果表明,cCSO-SVM 策略具有比 cDE-SVM 策略更高的性能。未经优化的识别精确率会大大降低。需要说明的是,没有优化过的参数所产生的识别率具有偶然性,不同参数 G 与 C 的组合,会形成不同的识别率,识别率很明显具有不稳定性,所以此次未经优化形成的识别率的真实性价值不强,不能作为实验的直接比较依据,而只能作为一种参考。

表 5-1   cCSO-SVM 优化后的正确识别率

序号	正确			类型			结果
	左眼	嘴唇	右眼	左眼	嘴唇	右眼	
Test001	0	0	0	0	0	0	正确
Test002	0	0	0	0	0	0	正确
Test003	0	0	0	0	0	0	正确
			...				
Test007	1	0	0	1	1	0	错误
Test008	1	0	0	1	0	0	正确
Test009	1	0	0	1	1	0	错误
			...				
Test390	1	1	1	1	1	1	正确

表 5-2   左眼、右眼和嘴唇的识别精确率比较

算法	左眼识别率/%	嘴唇识别率/%	右眼识别率/%	识别率总和/%
cCSO-SVM	98.717	95.386	98.972	96.076
cDE-SVM	95.542	94.783	96.874	95.014
SVM	92.065	89.652	90.374	89.211

参 考 文 献

蔡自兴,徐光佑,2004. 人工智能及其应用[M]. 北京:清华大学出版社.

曾建潮,介婧,崔志华,2004. 粒子群算法[M]. 北京:科学出版社.

陈宝林,1989. 最优化理论与算法[M]. 北京:清华大学出版社.

陈烨,2001. 带杂交算子的蚁群算法[J]. 计算机工程,27(12):74-76,176.

段海滨,王道波,朱家强,2004. 蚁群算法理论及其应用研究的进展[J]. 控制与决策,19(12),1321-1326,1340.

段海滨,2005. 基于云模型理论的蚁群算法改进研究[J]. 哈尔滨工业大学报,37(1):115-119.

黄德双,2006. 智能计算研究进展与发展趋势[J]. 中国科学院院刊(1):46-52.

黄平,2012. 粒子群算法改进及其在电力系统的应用[D]. 广州:华南理工大学.

黄席樾,等,2005. 现代智能算法理论及应用[M]. 北京:科学出版社.

纪震,廖慧莲,吴青华,2009. 粒子群算法及应用[M]. 北京:科学出版社.

纪震,周家锐,廖惠莲,等,2010. 智能单粒子优化算法[J]. 计算机学报,33(3):556-561.

金城,沈学,卜佳俊,等,2008. 基于主动外观模型的人脸合成技术[J]. 浙江大学学报(工学版),42(7):1140-1144.

柯良军,冯祖仁,冯远静,2006. 有限级信息素蚁群算法[J]. 自动化学报,32(2):296-303.

李军军,2005. 微粒群优化算法的改进与应用[D]. 上海:上海海事大学.

李晓磊,邵之江,钱积新,2002. 一种基于动物自治体的寻优模式:鱼群算法[J]. 系统程理论与实践(22):32-38.

李哲学,陈树越,2010. 快速多阈值图像分割法阳树洪[J]. 计算机应用,30(5):1335-1337,1343.

刘建华,2009. 粒子群算法的基本理论及其改进研究[D]. 长沙:中南大学.

刘丽丽,高兴宝,2012. 一种自适应的模拟细菌觅食算法[J]. 纺织高校基础科学学报,25(4):502-506.

刘衍,2011. 粒子群算法的研究及应用[D]. 济南:山东师范大学.

龙建武,2014. 图像阈值分割关键技术研究[D]. 长春:吉林大学.

罗雪晖,杨烨,李霞,2009. 改进混合蛙跳算法求解旅行商问题[J]. 通讯学报,30(7):130-135.

王崇宝,2009. 蚁群算法熵收敛性分析与应用[D]. 四川师范大学.

王俊伟,汪定伟,2005. 粒子群算法中惯性权重的实验与分析[J]. 系统工程学报,20(2):194-198.

王凌,2005. 智能优化算法及其应用[M]. 北京:清华大学出版社.

谢金星,邢文训,2005. 现代优化计算方法[M]. 2 版. 北京:清华大学出版社.

谢晓锋,张文俊,杨之廉,2003. 微粒群算法综述[J]. 控制与决策,18(2):129-134.

徐精明,曹先彬,王熙法,2005. 多态蚁群算法[J]. 中国科技大学学报,35(1):59-65.

徐兰,2013. 基于 active basis 的行人检测与行为分析[D]. 青岛:中国海洋大学.

阳树洪,2014. 灰度图像阈值分割的自适应和快速算法研究[D],重庆:重庆大学.

杨燕,靳蕃,Kamel M,2004. 微粒群优化算法研究现状及其进展[J]. 计算机工程,30(21):3-4.

袁亚湘,孙文瑜,1997. 最优化理论与方法[M]. 北京:清华大学出版社.

张军,詹志辉,2009. 计算智能[M]. 北京:清华大学出版社.

张燕,汪镭,康琦,2005. 微粒群优化算法及其改进形式综述[J]. 计算机工程与应用,41(2):1-3.

CORTES C,VAPNIK V,1995. Support vector networks[C]. Machine Learning,Boston:Kluwer Academic Publishers,20:273-279.

ABIDO A M,2002. Optimal design of power-system stabilizers using particle swarm optimization[J]. IEEE Transaction on Energy Conversion,17(3):1273-1282.

ABIDO M A,2002. Optimal design of power-system stabilizers using particle swarm optimization[J]. IEEE Transactions on Energy Conversion,17(3):406-413.

ABRAMOWITZ M,STEGUN I A,2010. Handbook of mathematical functions:with formulas,graphs,and mathematical tables[C]. Mineola:Dover Publications INC. ,55:297-309.

AHN C W,RAMAKRISHNA R S,2003. Elitism based compact genetic algorithms[J],IEEE Transaction on Evolutionary Computing,7(4):367-385.

ALARYANI H,YOUSSEF A. ,2005. A novel audio watermarking technique based on low frequency components[C]. 7th IEEE International Sympoisum on Multimedia,California:IEEE:668-673.

ANGELINE P J,1998. Using selection to improve particle swarm optimization[C]. IEEE International Conference on Evolutionary Computation,Anchorage:IEEE:84-89.

BARZILAI J,BORWEIN J M,1988. Two-point step size gradient methods[J]. IMA Journal of Numerical Analysis,8(1):141-148.

BASSIA P,PITAS I,NIKOLAIDIS N,2001. Robust audio watermarking in the time domain[J]. IEEE Transaction on Multimedia,3(2):232-241.

BELL J E,MCMULLEN P R,2004. Ant colony optimization techniques for the vehicle routing problem[J]. Advanced Engineering Informatics,18(1):41-48.

BENDER W,GRUHL D,MORIMOTO N,et al.,1996. Techniques for data hiding [J]. IBM Systems Journal,35(3/4):313-336.

BINKLEY K J,HAGIWARA M,2005 Particle swarm optimization with area of influence:increasing the effectiveness of the swarm[C],2005 IEEE Swarm Intelligence Symposium. California:IEEE:45-52.

BLUM C,ROLI A,DORIGO M,2004. HC-ACO:The Hyper-Cube framework for a colony optimization [J]. IEEE Transaction on System,Man,and Cybernetics-Part B,34(2):1161-1172.

BRITS RIAAN E,ANDRIES P. ,VAN DEN BERGH F,2002. A niching particle swarm optimizer[C]. The 4th Asia-Pacific conference on simulated evolution and learning,Singapore:Orchid Country Club:692-696.

BRITS R,ANDRIES P E,VAN DEN BERGH F,2007. Locating multiple optima using particle swarm optimization[J]. Applied Mathematics and Computation,189(2):1859-1883.

BULLNHEIMER B,HARTL R,STRAUSS C,1999. A new rank-based version of the ant system: a computational study [J]. Central European Journal for Operations Research and Economics,7(1):25-38.

BURRUS C S,GOPINATH R A,GAO H,1998. Introduction to Wavelet Theory and Its Application[M]. New Jersey:Prentice-Hall.

CHANG C C, LIN C J LIBSVM:a Library for Support Vector Machines, Software available at http://www. csie. ntu. edu. tw/~cjlin/libsvm.

CHANG C C,LIN C J,2011. LIBSVM:a Library for Support Vector Machines [J]. ACM Transaction on intelligent system,2(3):27.

CHEN S T,HUANG H N,CHEN C J,et al.,2010. Energy-proportion Based Scheme for Audio Watermarking[J]. IET Signal Processing,4(1):576- 587.

CHEN S T,HUANG H N,2010. Energy-Proportion Audio Watermarking Scheme in the Wavelet Domain [C]. 2010 Fourth International Conference on Genetic and Evolutionary Computing,ShenZhen:IEEE:679-682.

CHEUNG G, TAN W, YOSHIMURA T, 2005. Real-time video transport optimization using streaming agent over 3G wireless networks [J]. IEEE Transactions on Multimedia, 7 (4): 777-785.

CHU S C, TSAI P W, PAN J S, 2006. Cat Swarm Optimization[C]. The 9th Pacific rim international conference on artificial intelligence, Guilin: Springer: 854-858.

CLERC M, KENNEDY J, 2002. The particle swarm-explosion, stability and convergence in a multidimensional complex space [J]. IEEE Transaction Evolutionary Computation, 6(2): 58-73.

CLERC M, 2004. Discrete particle swarm optimization, illustrated by the traveling salesman problem [C]. New optimization techniques in engineering, Berlin: Springe: 219-239.

CODY W J, 1969. Rational Chebyshev approximations for the error function[J], Mathematics of Computation, 23(107): 631-637.

COELLO C, PULIDO T G, LECHUGA M S, 2004. Handling multiple objectives with particle swarm optimization[J]. IEEE Transactions on Evolutionary Computation, 8(3): 256-279.

COLORNI A, DORIGO M, MANIEZZO V, 1991. Distributed optimization by ant colonies[C]. the European Conference on Artificial Life, Paris: Elsevier: 134-142.

CVEJIC N, DRAJIC D, SEPPANEN T, 2009. Audio Watermarking: More Than Meets the Ear. In Recent Advances in Multimedia Signal Processing and Communications [M] Studies in Computational Intelligence, Berlin: Springer: 523-550.

DAO T K, CHU S C, SHIEH C S, et al., 2014a. Compact Artificial Bee Colony [C]. Modern Advances in Applied Intelligence, Kaohsiung: Springer: 96-105.

DAO T K, PAN J S, CHU S C, et al., 2014b. Compact Bat Algorithm[C]. Intelligent Data analysis and its Applications, Shenzhen: Springer, 2: 57-68.

DATTA T, MISRA I S, MANGARA B B, et al., 2008. Improved adaptive bacteria foraging algorithm in optimization of antenna array for faster convergence[J]. Progress in Electromagnetics Research C, 1: 143-157.

DAUBECHIES I, 1992. Ten Lectures on Wavelets[M]. Philadelphia: SIAM.

DAVIS L, 1991. Handbook of genetic algorithms[M]. New York: Van Nostrand Reinhold.

DEUTSCH DAVID, 1992. Quantum computation[M]. Physics World.

DORIGO M, GAMBARDELLA M, 1997. Ant colony system: a cooperative learning approach to the traveling salesman problem[J]. IEEE Transactions on Evolutionary Computation, (1): 53-66.

DORIGO M，MANIEZZO V，1994. Ant system for job-shop scheduling [J]. Belgian Journal of Operations Research，Statistics and computer science，(34)：39-53.

DORIGO M，1992. Optimization，Learning and Natural Algorithms[D]，Politecnico di Milano，Department of Electronics，ph. D Thesis.

DORIGO M，MANIEZZO V，COLORNI A，1996. Ant system：optimization by a colony of cooperating agents. IEEE Transactions on Systems，Man，and Cybernetics，Part B：Cybernetics，(26)：29-41.

EBERHART R C，SHI Y，2001. Particle swarm optimization：developments，applications and resources[C]. The IEEE Congress on Evolutionary Computation (CEC 2001). Seoul：IEEE：81-86.

EBERHART R C，KENNEDY J，1995 A new optimizer using particle swarm theory [C]. 6th International Symposium on Micro machine Human Science，Nagoya：IEEE，3(1)：39-43.

EUSUFF M，LANSEY K，PASHA F，2001. Shuffled frog-leaping algorithm：a memetic meta-heuristic for discrete optimization[J]，Engineering Optimization，38(2)：129-154.

FLETCHER R，1987. Practical Methods of Optimization[M]. New York：Wiley-Interscience.

FRANKEN N，ENGELBRECHT A P，2005 Particle swarm optimization approaches to coevolve strategies for the iterated prisoner's dilemma[J]. IEEE Transactions on Evolutionary Computation，9(6)，562-579.

GLOVER F，1990. Tabu Search-Part 2[J]. ORSA Journal on Computing，2(1)：4-32.

GLOVER F，1989. Tabu Search-Part 1[J]. ORSA Journal on Computing，1(2)：190-206.

GAING Z L，2004. A particle swarm optimization approach for optimum design of PID controller in AVR system [J]. IEEE Transactions on Energy Conversion，19(2)：384-391.

GAMBARDELLA L M，DORIGO M，2000. An ant colony system hybridized with a new local search for the sequential ordering problem[J]. INFORMS Journal on Computing，12(3)：237-255.

GERZON M A，CRAVEN P G，1995. A high-rate buried-data channel for audio CD[J]. Journal of the Audio Engineering Society，43(1/2)：3-22.

GOLDBERG D E,1989. Genetic Algorithms in Search,Optimization and Machine Learning[M]. Addison:Wesley.

GRANVILLE V, KRIVANEK M, RASSON J P, 1994. Simulated annealing: A proof of convergence[J]. IEEE Transactions on Pattern Analysis and Machine Intelligence,16 (6):652-656.

HADIDI A,AZAD S K,AZAD S K,2010. Structural optimization using artificial bee colony algorithm[C]. 2nd International Conference on Engineering Optimization, Lisbon:Portugal.

HAO T, YUN F, TU J, et al.,2008. Humanoid Audio-Visual Avatar with Emotive Text-To-Speech Synthesis[J]. IEEE Transactions on Multimedia,10(6):969-981.

HAO T,YUN F,TU J,et al.,2008. A 3D Emotive Audio-Visual Avatar[C]. 2008 IEEE Workshop on Applications of Computer Vision,Copper Mountain:IEEE: 1-6.

HARIK G R,LOBO F G,GOLDBERG D E,1999. The compact genetic algorithm [J]. IEEE Transactions on Evolutionary Computation,2(4):287-297.

HORNG M H,2010. A multilevel image thresholding using the honey bee mating optimization[J]. Applied Mathematics and Computation,215(9):3302-3310.

HU X,SHI Y,EBERHART R C,2004. Recent advances in particle swarm[C]. IEEE Congress on Evolutionary Computation(CEC2004),Portland:IEEE:90-97.

HU X M,ZHANG J,LI Y,2008. Orthogonal Methods Based Ant Colony Search for Solving Continuous Optimization Problems[J]. Journal of computer science and technology,23(1):2-18.

HUANG D Y,WANG C. H,2009. Optimal multi-level thresholding using a two-stage Otsu optimization approach[J]. Pattern Recognition Letters,30(3):275-284.

HUANG J, WANG Y, SHI Y Q, 2002. A blind audio watermarking algorithm with s elf-synchronization[C]. IEEE International Sympoisum on Circuits and Systems,California:IEEE,3:627-630.

JANG J S, KIM J H, 2006. Evolutionary Pruning for Fast and Robust Face Detection [C],2006IEEE Congress on Evolutionary Computation,Vancouver: IEEE:1293-1300.

JANG J S, KIM J H, 2008. Fast and robust face detection using evolutionary pruning [J]. IEEE Transactions on Evolutionary Computation. 12(5):562-571.

JERNE N K,1976. The immune system:A web of Vi-domains[R]. Harvey Lecture, (70):93-110.

JEWAJINDA Y,CHONGSTITVATANA P,2008. Cellular compact genetic algorithm for evolvable hardware[J]. 5th International Conference on Electrical Engineering/ Electronics,Computer,Telecommunications and Information Technology,California: IEEE:1-4.

JIANG M,LUO Y P,Y S Y,2007. Stochastic convergence analysis and parameter selection of the standard particle swarm optimization algorithm [J]. Information Processing Letters. 102(1):8-16.

KADIRKAMANATHAN V,SELVARAJAH K,FLEMING P J,2006. Stability Analysis of the Particle Dynamics in Particle Swarm Optimizer[J]. IEEE Transaction Evolutionary Computation,10(3):245-255.

KAPUR J N,SAHOO P K,WONG A K C,1985. A New Method for Gray-level Picture Thresholding Using the Entropy of the Histogram[J]. Computer Vision,Graphics and Image Processing,29(3):273-285.

KARABOGA D, AKAY B,2009. A Survey:Algorithms Simulating Bee Swarm Intelligence[J]. Artificial Intelligence Review,31 (1):68-85.

KARABOGA D,2005. An idea based on honey bee swarm for numerical optimization [R]. Technical Report TR06,Erciyes Univ. Press,Erciyes.

KENNEDY J,MENDES R,2002. Population structure and particle swarm performance[C]. IEEE Congress on Evolutionary Computing,Honolulu:IEEE: 1671-676.

KENNEDY J,EBERHART R C,1997. A discrete binary version of the particle swarm algorithm[C]. The World Multiconference on Systemics,Cybernetics and Informatics,Piscataway:IEEE:4104-4109.

KENNEDY J,1999 Small worlds and mega-minds:Effects of neighborhood topology on particle swarm performance [C]. IEEE Congress on Evolutionary Computing, Washington:IEEE:1931-1938.

KENNEDY J,2000. Stereotyping:Improving particle swarm performance with cluster analysis[C]. IEEE International Conference on Evolutionary Computation,La Jolla: IEEE,2:303-308.

KENNEDY R, EBERHART C, 1995. Particle Swarm Optimization[C]. IEEE International Conference on Neural Networks,Washington:IEEE:1942-1948.

KIM H O, LEE B K, LEE N Y, 2001. Wavelet-based audio watermarking techniques:Robustness and fast synchronization [M]. Division of Applied Mathematics,California:Springer.

KITTLER J,ILLINGWORTH J,1986. Minimum Error Thresholding[J]. Pattern Recognition,19:41-47.

KO B S,NISHIMURA R,SUZUKI Y,2002. Time-Spread echo method for digital audio watermarking using PN sequence [C]. 2002 IEEE International Conference Acoustics,Speech,and Signal Process,California:IEEE,2:2001-2004.

LEI W, QIDI W, 2001. Linear system parameters identification based on Ant system algorithm[C]. The 2001 IEEE International Conference on Control Applications,California:IEEE:401-406.

LI X, YU H H, 2000. Transparent and robust audio data hiding in subband domain[C]. International Conference on Information Technology:Coding and Computing,Las Vegas:IEEE,:74-79.

LIANG J J,SUGANTHAN P N,DEB K,2005 Novel Composition Test Functions for Numerical Global Optimization[C]. 2005 IEEE Swarm Intelligence Symposium, California:IEEE:68-75.

LIAO P S,CHEN T S,CHUNG P C,2001. A Fast Algorithm for Multilevel Thresholding,Journal of information science and engineer,17:713-727.

LIE W N, CHANG L C, 2006. Robust and high-quality time-domain audio watermarking based on low-frequency amplitude modification [J]. IEEE Transactions on Multimedia,8(1):46-59.

LIE W N,CHANG L C,2006. Robust and High-Quality Time-Domain Audio Watermarking Based on Low-Frequency Amplitude Modification[J]. IEEE Transaction on Multimedia,8(1):46-59.

LIN Y, ZHANG J, XIAO J, 2008. A pseudo parallel ant algorithm with an adaptive migration controller[J]. Applied Mathematics and Computation,205 (2):677-687.

LUO X H, YANG Y, LI X, 2009. Modified shuffled frog-leaping algorithm to solve traveling salesman problem[J],Journal on Communications,30(7):130-135.

MALLAT S,1989. A theory for multiresolution signal decomposition:the wavelet representation [J]. IEEE Transaction on Pattern Analysis and Machine Intelligence,11:674-693.

MANIEZZO V, 1999. Exact and approximate nondeterministic tree-search procedures for the quadratic assignment problem[J]. INFORMS journal on computing,11(4):358-369.

MENDES R,2004. Population Topologies and Their Influence in Particle Swarm

Performance[D]. Department of Informatics, School of Engineering, University of Minho, Portugal.

MESHOUL S, BATOUCHE M, 2002. Ant colony system with extremal dynamics for point matching and pose estimation[C]. 16th International Conference on Pattern Recognition California, IEEE, 3:823-826.

MESSERSCHMIDT L, ANDRIES P E, 2004. Learning to play games using a PSO-based competitive learning approach[J]. Evolutionary Computation, IEEE Transactions on 8. 3:280-288.

MININNO E, CUPERTINO F, NASO D, 2008. Real-valued compact genetic algorithms for embedded microcontroller optimization[J]. IEEE Transactions on Evolutionary Computation, 12(2):203-219.

MININNO E, NERI F, CUPERTINO F, et al., 2011. Compact Differential Evolution [J], IEEE Transactions on Evolutionary Computation, 15(1):32-54.

MITCHELL M, 1996. An Introduction to Genetic Algorithms[M]. Cambridge, MA: MIT Press.

Mathur M, Karale S B, Priye S, et al., 2000. Ant Colony Approach to Continuous Function Optimization [J]. Industrial & Engineering Chemistry Research, 39: 3814-3822.

MOSCATO P, 1989. On evolution, search, optimization, genetic algorithms and martial arts: Towards memetic algorithms[M]. Caltech concurrent computation program, C3P Report:826.

MOVELLAN J R, FORTENBERRY B, FASEL I, 2003. A Generative Framework for Real-Time Object Detection [R]. Ucsd Mplab Technical Report.

MÜHLENBEIN H, BENDISCH J, VOIGT H M, 1996. From recombination of genes to the estimation of distributions II[M]. Continuous parameters. Parallel Problem Solving from Nature, Berlin: Springer :188-197.

MÜHLENBEIN H, PAASS G, 1996. From recombination of genes to the estimation of distributions I [M]. Binary parameters. In Parallel Problem Solving from Nature, Berlin: Springer:178-187.

NERI F, MININNO E, IACCA G, 2013. Compact Particle Swarm Optimization [J] Information Science, 239:96-121.

NISHINO K, NOBUHIDE K, MASARU H, 1998. Three-dimensional particle tracking velocimetry based on automated digital image processing[J]. Journal of fluids engineering, 111(4):384-391.

NONWEILER T R, 1986. Computational Mathematics: An Introduction to Numerical Approximation [M], John Wiley and Sons.

NORMAN P G, 1987. The new AP101S general-purpose computer (GPC) for the space shuttle [C]. IEEE Proceedings, California, IEEE, (75): 308-319.

OKAZAKI A, SENOO T, IMAE J, et al., 2009. Real-time optimization for cleaner-robot with multi-joint arm [C]. International Conference on Networking, Sensing and Control, Okayama: IEEE CPS: 885-890.

OROUSKHANI M, MANSOURI M, TESHNEHLAB M, 2011. Average-inertia weighted cat swarm optimization [M]. Advances in Swarm Intelligence, Berlin: Springer: 321-328.

OTSU N, 1979. A threshold selection method from gray-level histograms [J]. IEEE Transactions on Systems, Man and Cybernetics, 9(1): 62-66.

PANDA G, PRADHAN P M, MAJHI B, 2011. IIR system identification using cat swarm optimization[J]. Expert Systems with Applications, 38(10): 12671-12683.

PARSOPOULOS K E, VRAHATIS M N, 2004. UPSO-A unified particle swarm optimization scheme[C]. The International Conference of Computational Methods in Sciences and Engineering, Lecture Series on Computer and Computational Sciences. Zeist: VSP International Science Publishers, 868-873.

PASSINO K M, 2002. Biomimicry of bacterial foraging for distributed optimization and control[J]. IEEE Control Systems Magazine, 22(3): 52-67.

PEDERSEN M E H, 2010. Good Parameters for Particle Swarm Optimization [M]. Tech. Rep. HL1001, Hvass Lab.

PENG H, WANG J, ZHANG Z, 2011. Audio Watermarking Scheme Robust Against Desynchronization Attacks Based on Kernel Clustering [M]. Multimedia Tools and Applications, Norwell: Kluwer Academic Publishers, 62(3): 681-699.

PENG H, WANG J, 2011. Optimal Audio Watermarking Scheme Using Genetic Optimization[J]. Annals of Telecommunications, 66: 307-318.

POOLE D, MACKWORTH A, GOEBEL R, 1997. Computational Intelligence: A logic approach[M]. Oxford: Oxford Univeristy Press.

POURMOUSAVI S A, NEHRIR M H, COLSON C M, et al., 2010. Real-time energy management of a stand-alone hybrid wind-microturbine energy system using particle swarm optimization [J]. IEEE Transactions on Sustainable Energy, 1(3): 193-201.

PRADHAN P M, PANDA G, 2012. Solving multiobjective problems using cat swarm optimization[J]. Expert Systems with Applications, 39(3): 2956-2964.

KARP R M, 1972. Rducibility among combinatorial problems. Complexity of computer computations[M]. New York:Plenum Press:85-104.

RIZON M, KARTHIGAYAN M, YAACOB S, et al., 2007. Japanese face emotions classification using lip features[C]. Geometric Modeling and Imaging,Zurich:IEEE : 140-144.

ROBINSON J, RAHMAT-SAMII Y, 2004. Particle swarm optimization in electromagnetic [J]. IEEE Transactions on Antennas and Propagation,52(2):397-407.

SANTOSA B,NINGRUM M K,2009. Cat swarm optimization for clustering[C]. IEEE International Conference of Soft Computing and Pattern Recognition,Malacca:IEEE, 2009:54-59.

SEZGIN M, SANKUR B, 2004. Survey over image thresholding techniques and quantitative performance evaluation[J]. Journal of Electronic Imaging,13(1):146-168.

SHANNON C E, 1948. A Mathematical Theory of Communication [J]. Bell System Technical Journal,27:379-423.

FIDANOVA S, 2003. ACO Algorithm for MKP Using Various Heuristic Information[J]. Numerical Methods and Applications,2542:438-444.

STORN R,PRICE K,1997. Differential evolution-a simple and efficient heuristic for global optimization over continuous spaces [J]. Journal of Global Optimization,11:341-359.

STÜTZLE T,HOOS H,1997. MAX-MIN Ant System and Local search for the traveling salesman problem [C]. The IEEE International Conference on Evolutionary Computation,Pistcataway:IEEE:309-314.

STÜTZLE T, HOOS H, 2000. MAX-MIN Ant System[J]. Future Generation Computer Systems,16(8):927-935.

SUGANTHAN P N,1999. Particle swarm optimizer with neighborhood operator[C]. IEEE Congress on Evolutionary Computing,Piscataway:IEEE:1958-1962.

SWANSON M D, ZHU B, TEWFIK A H, et al., 1998. Robust audio watermarking using perceptual masking[J]. Signal Processing,66(3):337-355.

TANG K,YAO X,SUGANTHAN P N,et al.,2007. Benchmark Functions for the CEC'2008 Special Session and Competition on Large Scale Global Optimization [R], Tech. Rep. , Nature Inspired Computation and Applications Laboratory, USTC.

TSAI P, PAN J. S. , CHEN S. M. , LIAO B. Y, 2008. Parallel cat swarm optimization [C]. the seventh international conference on machine learning and cybernetics,Kunming:IEEE:3328-3333.

TSAI P,PAN J S,CHEN S M,LIAO B Y,2012. Enhanced parallel cat swarm optimization based on the Taguchi method [J]. Expert System,39(7):6309-6319.

VAN DEN BERGH F,2001. An analysis of particle swarm optimizers [D]. Pretoria:ph. D. Dissertation of University of Pretoria.

VIOLA P,JONES M,2002. Robust real-time object detection[J]. International Journal of Computer Vision:1-3.

WACHOWIAK P M, SMOLIKOVA R, ZHENG Y. F, 2004. An approach to multimodal biomedical imageregistration utilizing particle swarm optimization[J]. IEEE Transaction on Evolutionary Computation,8(3):289-301.

WANG X Y,ZHAO H,2006. A Novel Synchronization Invariant Audio Watermarking Scheme Based on DWT and DCT[J]. IEEE Transactions on Signal Processing,54(12): 4835-4840.

WANG X,YANG J,TENG X,et al.,2007. Feature selection based on rough sets and particle swarm optimization [J]. Pattern Recognition Letters, 28 (4): 459-471.

WANG Z H,CHANG C C,LI M C,2012. Optimizing least-significant-bit substitution using cat swarm [J],Information Sciences,192(1):98-108.

WILLIAM J,PALM III,1998. Matlab for Engineering Applications[M]. Boston: The McGraw-Hill Companies Inc.

WOLPERT D,MACREADY W,1997. No free lunch theorems for optimization[J],IEEE Transactionson Evolutionary Computation,1(1):67-82.

WU B F,CHEN Y L,CHIU C C,2005. A discriminant analysis based recursive automatic thresholding approach for image segmentation [J]. IEICE transactions on information and systems,88(7):1716-1723.

WU S,HUANG J,HUANG D,et al.,2005. Efficiently self-synchronized audio watermarking for assure audio data transmission[J]. IEEE Transaction on Broadcasting,51(1):69-76.

WU Y N,SHI Z,FLEMING C,et al.,2007. Deformable template as active basis [C]. IEEE 11th international conference on computer vision,Rio de Janeiro: IEEE:1-8.

WU Y N,SI Z Z,GONG H,et al.,2010. Learning active basis model for object detectionand recognition[J]. International Journal of Computer Vision,90(2): 198-235.

XU J, XIN Z, 2005. An extended particle swarm optimizer [C]. The 19th IEEE International Parallel and Distributed Processing Symposium, Denver, IEEE: 193-1.

YANG S X, LUO C, 2004. A neural network approach to complete coverage path planning[J]. IEEE Transactions on Systems, Man, and Cybernetics, Part B: Cybernetics, 34(1): 718-724.

YANG X S, 2010. A New Metaheuristic Bat-Inspired Algorithm [C]. Nature Inspired Cooperative Strategies for Optimization, Studies in Computational Intelligence, Berlin: Springe, 284: 65-74.

YOUNG R E, 2006. Petroleum refining process control and real-time optimization [J]. IEEE Control Systems, 26, (6): 73-83.

ZELINKA I, SNASEL V, ABRAHAM A, 2012. Handbook of optimization[M]. Berlin: Springer: 337-364.

ZHANG C, OUYANG D, NING J, 2010. An artificial bee colony approach for clustering [J] Expert Systems with Applications, 37(7): 4761-4767.

ZHAO M, PAN J S, LIN C W, YAN D, 2012. Quantification based ant colony system for TSP [C]. 2012 Fifth International Conference on Genetic and Evolutionary Computing (ICGEC), Prague: 331-339.

ZHENG H, WONG A, NAHAVANDI S, 2003. Hybrid ant colony algorithm for texture classification [C]. The IEEE Congress on Evolutionary Computation, California: IEEE, 4: 2648-2652.

ZHENG T, LI J, 2010. Multi-robot task allocation and scheduling based on fish swarm algorithm[C]. 8th IEEE World Congress on Intelligent Control and Automation: 6681-6685.

附　　录

1. Shifted sphere function：

$$f_1(x) = \sum_{i=1}^{D} z_i^2 \quad z_i = x - o; \quad D = [-100,100]^{30}$$

2. Shifted Schwefel's Problem 1.2：

$$f_2(x) = \sum_{i=1}^{D} (\sum_{j=1}^{i} x_j)^2 \quad z_i = x - o; \quad D = [-100,100]^{30}$$

3. Rosenbrock'sfunction：

$$f_3(x) = \sum_{i=1}^{n-1} [100(x_{i+1} - x_i^2)^2 + (x_i - 1)^2], D = [-100,100]^{30}$$

4. Shifted Ackley's function：

$$f_4(x) = -20 e^{-0.2\sqrt{\frac{1}{n}\sum_{i=1}^{n} z_i}} - e^{\frac{1}{n}\sum_{i=1}^{n} \cos(2*pi*z_i)} + 20 + e \quad z_i = x - o; \quad D = [-32,32]^{30}$$

5. Shifted Griewank's function：

$$f_5(x) = \sum_{i=1}^{n} \frac{z_i^2}{4\,000} - \prod_{i=1}^{n} \cos\left(\frac{z_i}{\sqrt{i}}\right) + 1, \ z_i = x - o; \quad D = [-600,600]^{30}$$

6. Shifted Rastrigin's function：

$$f_6(x) = 10n + \sum_{i=1}^{n} [z_i^2 - 10\cos(2\pi z_i)], z_i = x - o, o = [o_1, o_2, o_3, \cdots, o_n],$$
$$D = [-5,5]^{30}$$

7. Shifted non continuous Rastrigin's function：

$$f_7(x) = \sum_{i=1}^{M} [y_i^2 - 10\cos(2\pi y_i)] + 10n$$
$$y_i = \begin{cases} z_i, & |z_i| < 1/2 \\ \text{round}(2z_i)/2, & |z_i| > 1/2 \end{cases} (z_i = x - o); \quad D = [-500,500]^{30}$$

8. Schwefel's function：

$$f_8(x) = 418.982\,9n + \sum_{i=1}^{n} (-x_i \sin|x_i|), \ D = [-500,500]^{30}$$

9. Schwefel's Problem 2.6 with Global Optimum on Bounds：

$$f_9(x) = \max_i (|A_i x_i - B_i|), B_i = A_i \times o_i, D = [-100,100]^{30}$$

where A is a $n \times n$ matrix, a_{ij} are integer random numbers in the range $[-500, 500]$, $\det(A) \neq 0$, A_i is the ith row of A, $B_i = A_i \times o_i$, o is a $n \times 1$ vector, with o_i are random numbers in the range $[-100, 100]$, corresponding to the optimum. Decision space $D = [-100, 100]^{30}$

10. Schwefel's Problem 2.13 with n = 30:

$$f_{10}(x) = \sum_{i=1}^{n} (A_i x_i - B_i(x))^2$$

Where $A_i = \sum_{i=1}^{n} (a_{ij} \sin a_j + b_{ij} \cos a_j)$, $B_i = \sum_{i=1}^{n} (a_{ij} \sin x_j + b_{ij} \cos x_j)$, for $i = 1$, .

n A and B are two $n \times n$ matrices, a_{ij} and b_{ij} are integer random numbers in the range $[-100, 100]$, and the shifted optimum $a = [a_1, a_2, \cdots, a_n]$ with a_j random numbers in the range $[-\pi, \pi]$.

11. Shifted rotated Ackley's function:

$$f_{11}(x) = -20e^{-0.2\sqrt{\frac{1}{n}\sum_{i=1}^{n} z_i}} - e^{\frac{1}{n}\sum_{i=1}^{n} \cos(2 * pi * z_i)} + 20 + e$$

$$z_i = M(x - o), \text{Cond}(M) = 1 \quad D = [-32, 32]^{30}$$

12. Shifted rotated Griewank's function:

$$f_{12}(x) = \sum_{i=1}^{n} \frac{z^2}{4\,000} - \prod_{i=1}^{n} \cos\left(\frac{z_i}{\sqrt{i}}\right) + 1$$

$$z_i = M(x - o), \text{Cond}(M) = 3, o = [o_1, o_2, o_3, \cdots, o_n], \ D = [-600, 600]^{30}$$

13. f13 Shifted rotated Rastrigin's function:

$$f_{13}(x) = 10n + \sum_{i=1}^{M} [z_i^2 - 10\cos(2\pi z_i)]$$

$$z_i = M(x - o), \text{Cond}(M) = 1, o = [o_1, o_2, o_3, \cdots, o_n], \ D = [-5, 5]^{30}$$

14. f14 Shifted Rotated Weierstrass function: with $n = 30$. M is a linear transformation matrix, and the shifted optimum $o = [o_1, o_2, o_3, \cdots, o_n]$

$$f_{14}(x) = \sum_{i=1}^{n} \sum_{k=0}^{k_{\max}} (a^k \cos(2\pi b^k (z_i + 0.5))) - n \sum_{k=0}^{k_{\max}} (a)^k \cos(2\pi b^k) * 0.5$$

$$a = 0.5, b = 0.3, k_{\max} = 20, z = M(x - o), M = 5, \ D = [-0.5, 0.5]^{30}$$

15. Schwefel Problem 2.22:

$$f_{15}(x) = \sum_{i=1}^{n} | x_i - | - \prod_{i=1}^{n} | x_i |, D = [-10, 10]^{10}$$

16. Schwefel problem 2.21:

$$f_{16}(x) = \max_{i=1}^{n} | x_i |, D = [-100, 100]^{10}$$

17. Generalized penalized function 1:

$$f_{17}(x) = \frac{\pi}{n}\left\{10 * \sin\pi y_1 + \sum_{i=1}^{n}((y_i - 1)^2(1 + 10\sin^2\pi y_i)) + (y_n - 1)^2\right\} +$$

$$\sum_{i=1}^{n}u(x_i, 10, 100, 4)$$

Where $y_i = 1 + \frac{1}{4}(x_i + 1)$, and $u(x, a, k, m) = \begin{cases} k(-x_i - a)^m & \text{if } x_i > a \\ 0 & f \mid x_i \mid \leqslant a \\ k(-x_i - a)^m & \text{if } x_i < -a \end{cases}$

$D = [-50, 50]^{10}$

18. Generalized penalized function 2:

$$f_{18}(x) = \frac{1}{10}\left\{\sin^2 3\pi x_1 + \sum_{i=1}^{n-1}((x_i - 1)^2(1 + \sin^2 3\pi x_{i+1}))\right\} + \frac{1}{10}\{(x_n - 1)(1 +$$

$$\sin 2\pi x_n)^2\} + \sum_{i=1}^{n}u(x_i, 5, 100, 4)$$

where $D = [-50, 50]^{10}$

19. shifted rotated Rastrigin's function:

$$f_{19}(x) = 10n + \sum_{i=1}^{n}[z_i^2 - 10\cos(2\pi z_i)], z_i = x - o; D = [-5, 5]^{50}$$

20. Michalewicz's function:

$$f_{20}(x) = -\sum_{i=1}^{n}\sin(x_i)\left[\sin\left(\frac{ix_i^2}{\pi}\right)\right]^{2m}, m = 10, D = [0, \pi]^{50}$$

21. f21 Schwefel's function:

$$f_{21}(x) = 418.9829n + \sum_{i=1}^{n}(-x_i\sin(\sqrt{\mid x_i \mid})), D = [-500, 500]^{50}$$

22. f22 Shifted Ackley's function:

$$f_{22}(x) = -20e^{-0.2\sqrt{\frac{1}{n}\sum_{i=1}^{n}z_i}} - e^{\frac{1}{n}\sum_{i=1}^{n}\cos(2*pi*z_i)} + 20 + e, z_i = x - o; D = [-32, 32]^{100}$$

23. f23 Alpine function:

$$f_{23}(x) = \prod_{i=1}^{n}\sin(x_i)\sqrt{\prod_{i=1}^{n}(x_i)}, D = [-10, 10]^{100}$$

24. f24 Axis Parallel Hyper−ellipsoid function:

$$f_{24}(x) = \sum_{i=1}^{n}(ix_i^2), D = [-10, 10]^{100}$$

25. f25 Drop Wave function:

$$f_{25}(x) = -\frac{1 + \cos\left(12\sqrt{\sum_{i=1}^{n} x_i^2}\right)}{\frac{1}{2}\sum_{i=1}^{n} x_i^2 + 2}, \quad D = [-5.12, 5.12]^{100}$$

26. f26 Michalewicz's function:

$$f_{26}(x) = -\sum_{i=1}^{n} \sin(x_i)\left[\sin\left(\frac{ix_i^2}{\pi}\right)\right]^{2m}, \quad m = 10, \quad D = [0, \pi]^{100}$$

27. f27 Moved Axis Hyper-ellipsoid function:

$$f_{27}(x) = \sum_{i=1}^{n} 5i \cdot x_i^2, \quad D = [-5.12, 5.12]^{100}$$

28. f28 Shifted Rastrigin's function:

$$f_{28}(x) = 10n + \sum_{i=1}^{n}[z_i^2 - 10\cos(2\pi z_i)], \quad z_i = x - o; \quad D = [-5.12, 5.12]^{100}$$

29. f29 Rosenbrock's function:

$$f_{29}(x) = \sum_{i=1}^{n}[100(x_{i+1} - x_i^2)^2 + (x_i - 1)^2], \quad D = [-100, 100]^{100}$$

30. f30 RotatedHyper-eiilipsoid function:

$$f_{30}(x) = \sum_{i=1}^{n}\sum_{j=1}^{i} x_j^2, \quad D = [-65536, 65536]^{100}$$

31. f31 Schwefel's function:

$$f_{31}(x) = 418.9829n + \sum_{i=1}^{n} -x_i\sin(\sqrt{|x_i|}), \quad D = [-500, 500]^{100}$$

32. f32 Shifted sphere function:

$$f_{32}(x) = \sum_{i=1}^{D} z_i^2, z_i = x - o; D = [-5, 5]^{100}$$

33. f33 Shifted Schwefel problem 2.21:

$$f_{33}(x) = \max_{i} |z_i|, \quad z_i = x - o; D = [-100, 100]^{100}$$

34. f34 Shifted Rosenbrock's function:

$$f_{34}(x) = \sum_{i=1}^{n-1}[100(x_{i+1} - x_i^2)^2 + (x_i - 1)^2], \quad D = [-100, 100]^{100}$$

35. f35 Shifted Rastrigin's function:

$$f_{35}(x) = 10n + \sum_{i=1}^{n}[z_i^2 - 10\cos(2\pi z_i)], \quad z_i = x - o, \quad o = [o_1, o_2, o_3, \cdots, o_n],$$

$$D = [-5, 5]^{100}$$

36. f36 Shifted Griewank's function:

$$f_{36}(x) = \frac{1}{4\,000} \sum_{i=1}^{n} z_i^2 - \prod_{i=1}^{n} \cos\left(\frac{z_i}{\sqrt{i}}\right) + 1, \ z_i = x - o, o = [o_1, o_2, o_3, \cdots, o_n],$$
$$D = [-600, 600]^{100}$$

37. f37 Shifted Ackley's function：

$$f_{37}(x) = -20e^{-0.2\sqrt{\frac{1}{n}\sum_{i=1}^{n} z_i}} - e^{\frac{1}{n}\sum_{i=1}^{n} \cos(2*pi*z_i)} + 20 + e, z_i = x - o, o = [o_1, o_2, o_3, \cdots, o_n],$$
$$D = [-5, 5]^{100}$$

38. f38 FastFractal DoubleDip function：with n = 100.

$$f_{38}(x) = \sum_{i=1}^{n} fractal1D(x_i + twist(x_{(i \bmod n)+1}))$$

$$twist(x) = 4(x^4 - 2x^3 + x^2)$$

$$fractal1D(x) \approx \sum_{k=1}^{3} \sum_{1}^{2^{k-1}} \sum_{1}^{ran2(0)} doubledip\left(x, ran1(0), \frac{1}{2^{k-1}(2 - ran1(0))}\right)$$

$$\begin{array}{l} doubledip \\ (x, c, s) \end{array} = \begin{cases} (-6144(x-c)^6 - 3088(x-c)^4 - 392(x-c)^2 + 1)s & 0.5 < x < 0.5 \\ 0 & otherwise \end{cases}$$

where ran1(o) and ran2(o) are，respectively，a double and an integer，$D = [-1, 1]^{100}$

39. f39 Shifted sphere function：with same bounds and n = 50. Properties：Unimodal，Shifted，Separable，Scalable.

$$f_{39}(x) = \sum_{i=1}^{n} z_i^2, \ z_i = x - o, \ o = [o_1, o_2, o_3, \cdots, o_n], \ D = [-100, 100]^{50}$$

40. f40 Shifted Schwefel's Problem 1.2：

$$f_{40}(x) = \sum_{i=1}^{n} (\sum_{j}^{i} z_i)^2, \ z_i = x - o, \ o = [o_1, o_2, o_3, \ldots o_n], \ D = [-100, 100]^{50}$$

41. f41 Rosenbrock's function：

$$f_{41}(x) = \sum_{i=1}^{n} [100(x_{i+1} - x_i^2)^2 + (x_i - 1)^2], \ D = [-100, 100]^{50}$$

42. f42 Shifted Ackley's function：

$$f_{42}(x) = -20e^{-0.2\sqrt{\frac{1}{n}\sum_{i=1}^{n} z_i}} - e^{\frac{1}{n}\sum_{i=1}^{n} \cos(2*pi*z_i)} + 20 + e, z_i = x - o, o = [o_1, o_2, o_3, \cdots, o_n],$$
$$D = [-32, 32]^{50}$$

43. f43 Shifted Griewank's function：

$$f_{43}(x) = \sum_{i=1}^{n} \frac{z^2}{4\,000} - \prod_{i=1}^{n} \cos\left(\frac{z_i}{\sqrt{i}}\right) + 1, \ z_i = x - o, \ o = [o_1, o_2, o_3, \cdots, o_n],$$
$$D = [-600, 600]^{50}$$

44. f44 Shifted Rastrigin's function:

$$f_{44}(x) = 10n + \sum_{i=1}^{n} \left[z_i^2 - 10\cos(2\pi z_i) \right]$$

$z_i = x - o$, $o = [o_1, o_2, o_3, \cdots, o_n]$, $D = [-5, 5]^{50}$

45. f45 Shifted non continuous Rastrigin's function:

$$f_{45}(x) = \sum_{i=1}^{M} \left[y_i^2 - 10\cos(2\pi y_i) \right] + 10n$$

$$y_i = \begin{cases} z_i & \text{if } |z_i| < 1/2 \\ \text{round}(2z_i)/2 & \text{if } |z_i| > 1/2 \end{cases}$$

$z_i = x - o$, $o = [o_1, o_2, o_3, \cdots, o_n]$, $D = [-500, 500]^{50}$

46. f46 Schwefel's Problem 2.6 with Global Optimum on Bounds:

$$f_{46}(x) = \sum_{i=1}^{n} (\sum_{j=1}^{i} x_j)^2, \ D = [-100, 100]^{50}$$

47. f47 Schwefel's Problem 2.13:

$$f_{47}(x) = \sum_{i=1}^{n} (A_i x_i - B_i(x))^2, \ D = [-\pi, \pi]^{50}$$